Autómatas programables. ELEQ0009

Luis Megal Alguacil

ic editorial

Autómatas programables. ELEQ0009
© Luis Megal Alguacil

1ª Edición

© IC Editorial, 2025

Editado por: IC Editorial
c/ Cueva de Viera, 2, Local 3
Centro Negocios CADI
29200 Antequera (Málaga)
Teléfono: 952 70 60 04
Fax: 952 84 55 03
Correo electrónico: iceditorial@iceditorial.com
Internet: www.iceditorial.com

ISBN: 979-13-7027-048-3
Depósito Legal: MA 1477-2025

Impresión: PODiPrint
Impreso en Andalucía – España

Nota de la editorial: IC Editorial pertenece a Innovación y Cualificación S. L.

Especialidad formativa

Se entiende por especialidad formativa la agrupación de contenidos, competencias profesionales y especificaciones técnicas que responde a un conjunto de actividades de trabajo enmarcadas en una fase del proceso de producción y con funciones afines.

Las especialidades formativas de Uso General, Formación Complementaria, Formación Modular y las especialidades formativas dirigidas a la obtención de certificados de profesionalidad se incluyen en el Fichero de Especialidades del Servicio Público de Empleo Estatal para su gestión en todo el territorio nacional por cualquier Administración competente.

Las especialidades complementarias, pertenecen todas a la Familia profesional de Formación Complementaria (FCO) y tienen la consideración de formación transversal en áreas que se consideran prioritarias tanto en el marco de la Estrategia Europea para el Empleo y del Sistema Nacional de Empleo como en las directrices establecidas por la Unión Europea. Se consideran áreas prioritarias las relativas a tecnologías de la información y la comunicación, la prevención de riesgos laborales, la sensibilización en medio ambiente, la promoción de la igualdad, la orientación profesional y aquellas otras que se establezcan por la Administración competente.

Las especialidades de Certificado de profesionalidad tienen una duración especificada en su normativa reguladora.

En el resultado de la búsqueda, se muestran las unidades de competencia, todos los módulos formativos con su duración y las unidades formativas del certificado correspondiente, con su duración. Las horas del certificado, exclusivo de las especialidades de certificado de profesionalidad, con alta igual o superior a 2008, son las horas totales más las horas del módulo de Prácticas Profesionales no Laborales.

- **Si la especialidad tiene unidades formativas,** las horas totales, presencial, distancia, teleformación serán igual a la suma de esas horas de las unidades formativas de los distintos módulos, sin que se repita ninguna Unidad formativa.

➲ **Si la especialidad no tiene unidades formativas,** las horas totales, presencial, distancia, teleformación serán igual a las sumas de esas horas de los módulos formativos, eliminando las horas de los módulos repetidos.

https://sede.sepe.gob.es/especialidadesformativas/RXBuscadorEFRED/
BusquedaEspecialidades.do

(Fuente: Servicio Público de Empleo Estatal)

Índice

OBJETIVOS GENERALES

Los objetivos general del **ELEQ0009. Autómatas programables,** son:

- ⮑ Aplicar los conocimientos y destrezas necesarias para el diseño de sistemas lógicos combinacionales y secuenciales en los procesos productivos, ajustados a las necesidades de cada organización.
- ⮑ Conceptualizar automatismos a través de sistemas binarios y lógicos, así como circuitos combinacionales.
- ⮑ Identificar las características y estructura de los autómatas programables para diferentes aplicaciones industriales.

Características generales de los sistemas binarios, lógicos y los automatismos

Contenido

1. Introducción
2. Introducción a los sistemas binarios y lógicos
3. Identificación de circuitos combinacionales y automatismos
4. Definición de características y estructura de un sistema automático
5. Demostración de la metodología de análisis
6. Resumen

Objetivos

El objetivo general de esta Unidad de Aprendizaje es:

→ Conceptualizar automatismos a través de sistemas binarios y lógicos, así como circuitos combinacionales.

Los objetivos específicos de esta Unidad de Aprendizaje son:

→ Comprender el funcionamiento de los sistemas binarios y lógicos aplicados a la automatización.

→ Identificar los componentes principales que conforman un sistema automático.

→ Analizar circuitos combinacionales simples y su integración en automatismos.

→ Interpretar la estructura de entradas y salidas en sistemas basados en PLC.

→ Aplicar métodos de análisis para diseñar soluciones automáticas básicas.

→ Aprender a convertir números entre el sistema decimal y el sistema binario, comprendiendo el método que utilizan los autómatas programables para representar la información.

1. Introducción

En el mundo de la automatización industrial, todo comienza por entender cómo piensan las máquinas. A diferencia de las personas que manejamos palabras, emociones y razonamientos complejos, los autómatas programables se comunican con un lenguaje muy básico, pero extremadamente eficiente: el sistema binario. A partir de ceros y unos, son capaces de tomar decisiones, controlar procesos y ejecutar tareas con precisión.

Nuestro guía será Vicente, un técnico en mantenimiento eléctrico-industrial que acaba de recibir el encargo de mejorar el control de una planta de reciclaje. Aunque tiene experiencia en instalaciones eléctricas, los autómatas programables son nuevos para él. Aprenderéis juntos cómo funciona este mundo.

2. Introducción a los sistemas binarios y lógicos

☞ HILO CONDUCTOR

Vicente ha recibido el encargo de diseñar el sistema de control de una cinta transportadora. Para poder programarlo correctamente, necesita recordar cómo funcionan los sistemas binarios y las operaciones lógicas que permiten a los autómatas tomar decisiones.

En nuestra vida cotidiana empleamos el sistema decimal, basado en diez cifras (del 0 al 9), para representar cantidades, contar o realizar cálculos. Rara vez nos planteamos que existen otros sistemas numéricos, como el binario, que es el que entienden los autómatas.

Sin embargo, los dispositivos electrónicos y los autómatas programables no trabajan con diez estados posibles, sino solo con dos: **encendido o apagado, paso o no paso de corriente**, es decir, **1 o 0**.

Lo que se conoce como sistema binario, cada uno de estos dígitos, el 1 o el 0 se llama bit (abreviatura de *binary digit*), que es la unidad mínima de información que entiende un autómata.

La lógica digital funciona con señales eléctricas, detectar dos niveles de voltaje distintos (presencia o ausencia de corriente) es mucho más fiable que intentar diferenciar entre varios; por ello se eligen solo estos dos estados.

 **EJEMPLO**

Si hay tensión eléctrica: se interpreta como 1.

Si no hay tensión: se interpreta como 0.

Vicente ha conectado un sensor de presencia a una cinta transportadora. El sensor envía una señal al autómata:

Si detecta una caja pasando: envía un 1.

Si no hay nada delante: envía un 0.

Este sistema permite que los circuitos electrónicos trabajen de manera rápida, precisa y segura y, a partir de esta simple información, el autómata puede tomar decisiones: activar una alarma, mover un brazo mecánico, contar objetos, etc.

2.1. Introducción a la representación binaria de datos

Los dispositivos electrónicos y los autómatas programables no entienden letras ni números tal y como los percibimos nosotros. En su lugar, **procesan toda la información utilizando solo dos estados posibles**: el **0** y el **1**, un sistema conocido como **sistema binario**.

Cada dato, ya sea una señal de un sensor, una instrucción del programa o una condición externa, se representa mediante combinaciones de estos dos dígitos. Esto se debe a que los sistemas digitales interpretan la presencia o ausencia de tensión eléctrica como:

- **1** → Tensión presente (estado activo)
- **0** → Sin tensión (estado inactivo)

Este método permite una **transmisión de información rápida, precisa y resistente a errores**, lo que resulta esencial en automatismos industriales y domésticos.

Por ejemplo, un sensor de nivel de agua puede enviar un 1 al PLC cuando el depósito está lleno, y un 0 cuando está vacío.

Gracias a esta representación binaria, un autómata puede controlar múltiples procesos complejos utilizando una lógica basada únicamente en estos dos estados.

2.2. Conceptos básicos

Los autómatas programables procesan información mediante **condiciones lógicas**. Estas condiciones se basan en señales de entrada que pueden adoptar dos estados: **verdadero (1)** o **falso (0)**, según si se cumple o no una determinada situación.

Por ejemplo:

➲ ¿Se ha pulsado un botón? → **Sí (1)/No (0)**
➲ ¿Está presente un objeto? → **Sí (1)/No (0)**

A partir de estas señales, el autómata toma decisiones utilizando **operaciones lógicas**, como activar un motor, encender una luz o detener un proceso.

NOTA

En los sistemas automáticos, una condición representa un estado concreto del entorno, evaluado lógicamente para desencadenar una respuesta programada.

2.3. Operaciones lógicas

Los autómatas programables procesan señales de entrada utilizando operaciones lógicas para tomar decisiones automatizadas. Estas operaciones trabajan con valores binarios (0 y 1) y permiten activar o desactivar salidas en función de las condiciones de entrada.

Las tres operaciones lógicas básicas son:

- ⮑ *AND* (**Y**): la salida es verdadera si todas las condiciones de entrada son verdaderas.
- ⮑ *OR* (**O**): la salida es verdadera si al menos una condición de entrada es verdadera.
- ⮑ *NOT* (**NO**): invierte el estado lógico de la condición de entrada.

 **VÍDEO**

Puedes visualizar cómo funcionan las operaciones lógicas básicas *(AND, OR, NOT)* con ejemplos reales y animaciones, en el siguiente vídeo.

Accede a él desde aquí:

https://redirectoronline.com/eleq00090101

Es aconsejable revisar los ejemplos vistos en el vídeo para visualizar y comprender de una forma visual el modo en que trabajan las operaciones lógicas.

A continuación, veremos en detalle las tres operaciones lógicas fundamentales: *AND* (**Y**), *OR* (**O**) y *NOT* (**NO**), acompañadas de ejemplos prácticos que facilitarán su comprensión.

Operación *AND* (Y lógica)

- ⮑ La salida será 1 solo si ambas entradas son 1.
- ⮑ En cualquier otro caso, la salida será 0.

EJEMPLO

En una plantación agrícola, el sistema de riego se activa únicamente cuando se detectan dos condiciones a la vez:

- Sensor A: detecta humedad suficiente (1 = sí, 0 = no).
- Sensor B: detecta temperatura elevada (1 = sí, 0 = no).

Se emplea una compuerta *AND,* por lo que el sistema solo funcionará si ambos sensores están activos. Si falta humedad o no hace suficiente calor, el riego no se inicia. Se requiere que todas las entradas estén en estado 1 para generar una salida activa. En sistemas automáticos esta lógica se usa cuando deben cumplirse todas las condiciones a la vez para ejecutar la acción.

Operación *OR* (O lógica)

➲ La salida será 1 si al menos una de las entradas es 1.

EJEMPLO

Imagina un sistema de seguridad que activa una alarma si se abre la puerta o la ventana. Cada elemento está conectado a una entrada del autómata programable:

- Entrada A: sensor de apertura de puerta (1 si está abierta, 0 si está cerrada).
- Entrada B: sensor de apertura de ventana (1 si está abierta, 0 si está cerrada).

La lógica utilizada es una compuerta OR, por lo que la alarma se activará siempre que al menos una de las entradas esté activa. Es decir:

- Si se abre la puerta o la ventana, o ambas, la salida será 1 (alarma activada).
- Si ambas permanecen cerradas, la salida será 0 (alarma desactivada).

NOTA

El sistema interpreta los valores 0 y 1 como estados lógicos. Por ejemplo: 1 = puerta abierta, 0 = puerta cerrada. La salida será 1 si cualquiera de las condiciones es verdadera.

- -

Operación *NOT* (negación)

A diferencia de las compuertas *AND* y *OR*, que combinan varias señales de entrada, la compuerta *NOT* trabaja con **una única entrada** y su función es **invertirla**.

Esto significa que:

- Si la entrada es **1**, la salida será **0**.
- Si la entrada es **0**, la salida será **1**.

Esta lógica se utiliza cuando necesitamos que un sistema actúe **solo en ausencia de una condición**, como encender una luz cuando **no hay luz natural**, o activar una alarma cuando **no se detecta movimiento**.

RECUERDA

En este caso, el autómata interpreta la señal del sensor mediante una compuerta NOT para que reaccione justo al contrario del estado recibido: si no hay luz, la genera automáticamente.

- -

3. Identificación de circuitos combinacionales y automatismos

☞ HILO CONDUCTOR

Mientras planifica la automatización de una cinta transportadora, Vicente debe decidir qué tipo de circuitos usar. ¿Será mejor un circuito combinacional o un automatismo programado? Para ello, tendrá que comprender cómo funcionan y cómo se integran en un sistema real.

Los **circuitos combinacionales** son aquellos sistemas en los que **la salida depende únicamente del estado actual de las entradas**. Esto significa que no almacenan información ni tienen memoria: responden de forma directa e instantánea a las señales que reciben.

Este tipo de circuitos se encuentra en muchas aplicaciones cotidianas de automatización, como sistemas de iluminación, alarmas, controles de paso, apertura de puertas automáticas, etc.

Los **automatismos**, por su parte, son sistemas que permiten ejecutar tareas o controlar procesos **de forma automática** mediante combinaciones lógicas y elementos de control (sensores, actuadores, autómatas...).

 VÍDEO

Para comprender mejor cómo funciona un autómata programable en un entorno industrial real, puedes visualizar el siguiente vídeo explicativo. En él se presentan los elementos principales de un PLC, su funcionamiento básico y ejemplos visuales que facilitarán tu comprensión antes de ver esquemas más técnicos.

Accede al vídeo desde aquí:

Continúa en página siguiente >>

<< Viene de página anterior

https://redirectoronline.com/eleq00090102

Una vez comprendido el concepto básico mediante el vídeo, veamos ahora un ejemplo práctico sencillo que nos ayudará a visualizar cómo aplicar estos conocimientos en un caso real.

 EJEMPLO

Vicente está configurando una cinta transportadora en una planta de reciclaje. El sistema debe abrir automáticamente una compuerta solo cuando se cumplan dos condiciones: que el sensor detecte un objeto metálico y que el objeto esté en la posición exacta.

Ambas señales se gestionan mediante una compuerta lógica *AND:*

- Si ambas condiciones se cumplen (A = 1 y B = 1), la compuerta se abre.

- En cualquier otro caso, el actuador permanece inactivo.

Este circuito combinacional responde en tiempo real a las entradas, sin memoria de estados anteriores.

3.1. Explicación de circuitos combinacionales

Un circuito combinacional es un sistema electrónico en el cual la salida depende exclusivamente de la combinación actual de las entradas. Es decir, las salidas se determinan en función del estado presente de las señales de entrada, sin intervención de estados anteriores ni memoria.

Este tipo de circuito utiliza funciones lógicas básicas, como *AND, OR* y *NOT*, para procesar las entradas y generar las salidas de manera inmediata. Son fundamentales en la electrónica digital y en los sistemas de automatización, donde se requieren respuestas rápidas y directas a diferentes combinaciones de señales.

Entre los circuitos combinacionales más comunes encontramos los **sumadores**, que permiten sumar bits; los **comparadores**, que establecen relaciones de magnitud entre señales; y los **codificadores**, que transforman múltiples entradas activas en códigos binarios representativos.

Concepto	Combinacional	Automatismo
Memoria	No	Puede tener memoria o elementos temporizados
Respuesta	Inmediata	Puede incluir secuencia o retardo
Complejidad	Baja (lógica pura)	Alta (interacción entre varios elementos)
Ejemplo típico	Activación de luz por sensor directo	Sistema de control de apertura con temporizador

3.2. Relaciones lógicas y circuitos combinacionales

Una vez comprendidas las operaciones lógicas básicas *(AND, OR, NOT)*, es posible combinarlas para crear **circuitos lógicos más complejos**. Estos circuitos, conocidos como **circuitos combinacionales**, permiten tomar decisiones automatizadas a partir de múltiples condiciones de entrada.

Estos circuitos se diseñan basándose en **relaciones lógicas**, es decir, en la manera en que varias señales deben combinarse para producir una salida. Pueden representarse mediante **tablas de verdad, diagramas de lógica** o incluso mediante **diagramas de contactos** (lenguaje *Ladder)* en un autómata programable.

Un **circuito combinacional** puede estar formado por una sola operación lógica (como *AND)* o por una combinación de varias. Lo importante es que **su salida depende únicamente del estado actual de las entradas**, sin memoria ni secuencia.

◎ EJEMPLO

Vicente, nuestro técnico, debe configurar un sistema de seguridad en un pequeño almacén. El sistema activará una alarma sonora solo si se cumplen todas estas condiciones al mismo tiempo:

- La puerta principal está abierta.
- Es de noche.
- El sensor de movimiento detecta presencia.

Estas condiciones se representan mediante entradas digitales:

- A = Puerta abierta (1 = abierta, 0 = cerrada).
- B = Es de noche (1 = sí, 0 = no).
- C = Movimiento detectado (1 = sí, 0 = no).

La salida Q = Alarma (1 = activa, 0 = desactivada)

Hasta ahora hemos visto operaciones lógicas básicas, como *AND, OR* y *NOT,* que trabajan sobre una o dos señales de entrada.

Sin embargo, en aplicaciones reales, los sistemas no se limitan a una sola operación lógica. **Combinan múltiples señales** para tomar decisiones más complejas y precisas.

Esta combinación de operaciones y señales es lo que da lugar a los **circuitos combinacionales.**

Un **circuito combinacional** es un conjunto de operaciones lógicas donde **el estado de la salida depende únicamente del estado actual de las entradas** (sin utilizar memoria o almacenamiento de estados anteriores).

Algunos **ejemplos** de circuitos combinacionales son:

Sumadores	- Combinan varios bits para obtener un resultado numérico.

Continúa en página siguiente >>

<< Viene de página anterior

| **Codificadores** | - Transforman una entrada activa en un código binario. |

| **Comparadores** | - Comparan dos valores para determinar cuál es mayor, menor o si son iguales. |

Estos circuitos pueden representarse mediante:

- **Tablas de verdad**, donde se describen todas las combinaciones posibles de entradas y su correspondiente salida.
- **Diagramas de contactos (*Ladder*),** utilizados en programación de PLC.
- **Diagramas de lógica** con símbolos normalizados.

Diagrama lógico – Activación de alarma mediante entradas combinadas

En un sistema de seguridad, un circuito combinacional sencillo puede utilizar una compuerta *AND* que activa una alarma solo si:

- La puerta está abierta (A = 1).
- Es de noche (B = 1).
- Se detecta movimiento (C = 1).

Este circuito representa una **compuerta lógica *AND*** con tres entradas:

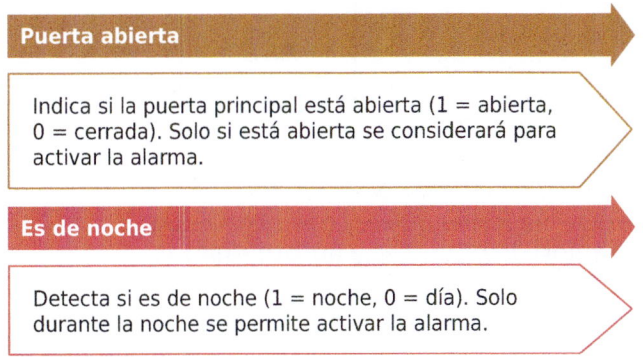

Puerta abierta

Indica si la puerta principal está abierta (1 = abierta, 0 = cerrada). Solo si está abierta se considerará para activar la alarma.

Es de noche

Detecta si es de noche (1 = noche, 0 = día). Solo durante la noche se permite activar la alarma.

Continúa en página siguiente >>

<< Viene de página anterior

Detección de movimiento

Sensor de presencia que indica si hay movimiento en el área protegida (1 = movimiento detectado, 0 = sin movimiento).

Activación de la alarma sonora

La alarma se activa (Q = 1) únicamente si todas las condiciones anteriores son verdaderas al mismo tiempo. Si alguna condición no se cumple, la alarma permanece desactivada (Q = 0).

El **funcionamiento** es el siguiente:

➲ La alarma solo se activa (Q = 1) cuando todas las condiciones se cumplen al mismo tiempo. Es decir, las tres entradas deben estar activas (con tensión).

➲ Si alguna de las entradas no está activa (es decir, no hay tensión en A, B o C), entonces la salida Q se mantiene en estado desactivado (Q = 0).

Diagrama lógico de sistema de alarma con compuerta *AND*

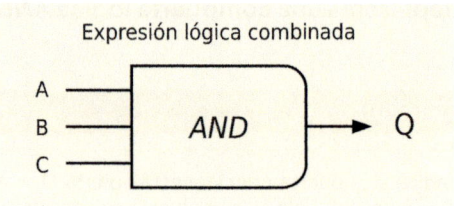

Expresión lógica combinada

A — B — C — AND → Q

3.3. Integración de circuitos y automatismos

Una vez comprendidos los fundamentos de los circuitos combinacionales, el siguiente paso natural es entender cómo se **integran dentro de un sistema automatizado real**. Un automatismo no es más que una estructura organizada de sensores, procesadores (como los PLC) y actuadores, que trabajan de forma conjunta siguiendo una lógica previamente definida.

La integración de estos circuitos lógicos permite que el sistema **reaccione ante eventos del entorno**, tome decisiones y ejecute acciones sin intervención humana.

 EJEMPLO

Vicente está instalando un sistema de control de acceso automático en un *parking*. El automatismo debe abrir la barrera solo si:

- El coche ha sido detectado por el sensor de proximidad (A = 1).
- El lector de matrículas ha validado el vehículo (B = 1).
- No hay obstáculos delante de la barrera (C = 1).

Además, una luz verde se enciende si la barrera está completamente abierta (Q = 1) y una señal acústica suena si se intenta acceder sin autorización (cuando A = 1 y B = 0).

Este sistema integra sensores, compuertas lógicas, salidas visuales y sonoras, así como la lógica del autómata.

 TAREA 1

Vicente ha configurado un sistema automático en la entrada de un *parking* privado. El sistema solo abre la barrera si:

- Hay un coche detectado en la entrada (sensor A = 1).
- La matrícula ha sido validada (sensor B = 1).
- No hay ningún obstáculo delante de la barrera (sensor C = 1).

Se enciende una luz verde cuando la barrera está abierta.

Suena una señal acústica si se detecta un coche sin matrícula válida.

Observa las condiciones de entrada indicadas y completa el resultado esperado para cada caso.

---

4. Definición de características y estructura de un sistema automático

Vicente se enfrenta ahora al diseño completo de un sistema automático. Para no cometer errores, necesita identificar cada componente: desde los sensores que detectan el entorno hasta los actuadores que ejecutan las órdenes, asegurándose de que todo funcione de forma lógica y ordenada.

Un sistema automático es el conjunto de elementos interconectados necesarios para ejecutar tareas de forma autónoma, sin intervención humana directa, siguiendo una lógica predefinida o programada.

Estos sistemas suelen incluir distintos elementos, atendiendo al uso o las necesidades en cada caso. Algunos de estos **elementos** son:

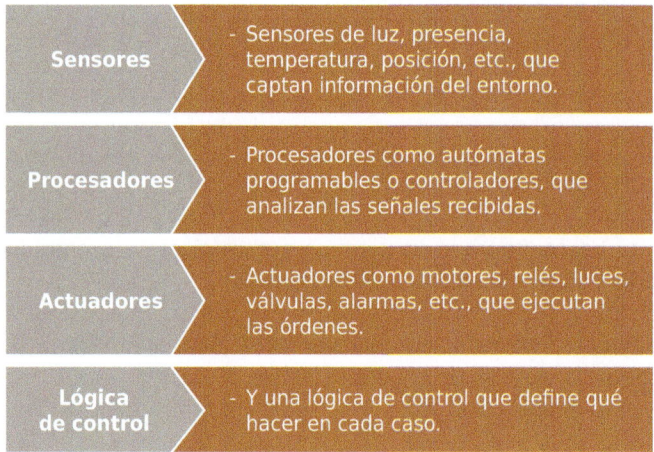

Sensores	- Sensores de luz, presencia, temperatura, posición, etc., que captan información del entorno.
Procesadores	- Procesadores como autómatas programables o controladores, que analizan las señales recibidas.
Actuadores	- Actuadores como motores, relés, luces, válvulas, alarmas, etc., que ejecutan las órdenes.
Lógica de control	- Y una lógica de control que define qué hacer en cada caso.

Este tipo de sistemas se utiliza en múltiples ámbitos: desde la industria y la domótica hasta los vehículos y la agricultura inteligente.

Hasta ahora hemos visto cómo funcionan las operaciones lógicas por separado, pero un sistema automático **integra sensores, lógica de decisión y**

actuadores, formando una estructura coherente que responde a estímulos externos y toma decisiones en tiempo real.

4.1. Definición

Un sistema automático es un conjunto organizado de elementos interconectados (como sensores, controladores y actuadores) que permiten realizar una tarea específica de forma autónoma, basándose en condiciones detectadas en su entorno y siguiendo una lógica de funcionamiento previamente programada.

Estos sistemas toman decisiones en tiempo real según las señales que reciben, sin necesidad de intervención humana constante.

Se encuentran en multitud de aplicaciones cotidianas: desde una puerta de garaje automatizada hasta una cadena de producción industrial o un sistema de riego inteligente.

Sistema automático de detección de matrícula y elevación de barrera de seguridad

Este sistema integra múltiples sensores y un autómata programable (PLC) para gestionar el acceso de vehículos de forma segura y automatizada.

Entre los componentes clave se encuentran:

- Un **lector de matrículas** que valida el acceso.
- Un **sensor de presencia o bucle magnético bajo la barrera**, que detecta si hay un vehículo esperando o pasando, evitando atrapamientos.
- **Sensores de seguridad** que impiden el cierre accidental mientras se detecta un vehículo.

El PLC recibe las señales de todos estos sensores y mantiene la barrera elevada mientras detecta un vehículo o hasta que transcurre un tiempo de seguridad definido. Solo cuando se cumplen todas las condiciones, ordena el cierre de la barrera.

Un sistema automático es capaz de:

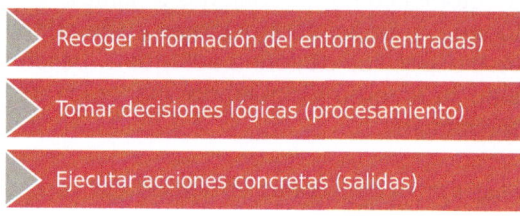

Recoger información del entorno (entradas)

Tomar decisiones lógicas (procesamiento)

Ejecutar acciones concretas (salidas)

4.2. Características

Algunas de sus **características** más importantes son:

- ➲ **Autonomía.** El sistema funciona por sí mismo, sin necesidad de intervención humana constante.
- ➲ **Repetitividad.** Ejecuta tareas una y otra vez con la misma precisión y resultados consistentes.
- ➲ **Secuencialidad.** Opera siguiendo una serie de pasos o instrucciones programadas en un orden específico.
- ➲ **Determinismo.** Ante las mismas condiciones de entrada, siempre ofrece la misma respuesta o resultado.
- ➲ **Tiempo de respuesta.** Es capaz de reaccionar de forma inmediata o según un tiempo programado ante cambios en el entorno.
- ➲ **Adaptabilidad.** Permite modificar o ampliar su programación fácilmente para adaptarse a nuevas necesidades o condiciones.
- ➲ **Seguridad.** Incorpora elementos de protección (sensores, paradas de emergencia, alarmas) para minimizar riesgos de accidentes o fallos.

 **EJEMPLO**

Mapa Mental

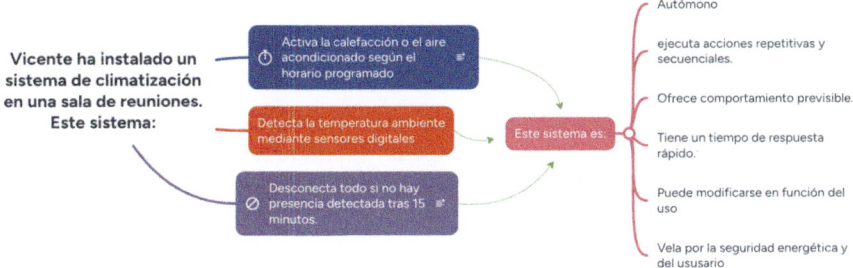

Mapa mental explicativo de las funciones y características de un sistema automático

El esquema visual resume el funcionamiento del sistema automático de climatización instalado por Vicente, destacando las condiciones de entrada, las acciones del sistema y las características que lo definen como autónomo, adaptable, previsible y eficiente.

 ACTIVIDAD COMPLEMENTARIA

1. Elabora un mapa mental sobre un sistema automatizado real que funcione mediante PLC. Investiga su funcionamiento, entradas, salidas y lógica interna.

   Algunos ejemplos de sistemas sencillos que puedes investigar son:

   · Puerta de garaje automática.
   · Semáforo inteligente.
   · Barrera de *parking*.
   · Sistema de riego automático.
   · Sistema de iluminación con sensores de presencia.

Continúa en página siguiente >>

<< Viene de página anterior

Una vez realizada la investigación, representa la información obtenida mediante un mapa mental usando herramientas online gratuitas como:

· www.mindmeister.com
· www.canva.com/es_es/mapas-mentales

El mapa mental debe incluir:

· Nombre del sistema y su aplicación práctica.
· Entradas: sensores que detectan información (presencia, luz, humedad...).
· Procesamiento: condiciones que evalúa el PLC *(AND, OR, NOT,* temporizador...).
· Salidas: actuadores que realizan acciones (motor, luz, sonido, válvula...).
· Una imagen o esquema representativo del sistema.

4.3. Componentes de un sistema

Un sistema automático reúne distintos elementos que trabajan juntos para realizar una tarea sin intervención humana directa. Aunque el número y el tipo de componentes cambian según el sistema, todos son necesarios para que funcione de forma lógica y ordenada.

Para que un sistema automático funcione correctamente, debe cumplir con una secuencia básica compuesta por tres **bloques** esenciales:

Recoger información del entorno (entradas)
- El sistema utiliza sensores para captar variables físicas del entorno, como temperatura, presión, luz, movimiento o humedad. Estos sensores convierten estas magnitudes en señales eléctricas comprensibles para el autómata programable.

Procesar la información y tomar decisiones (unidad de control o procesamiento)
- La información captada por los sensores es enviada al PLC o a la unidad de control, que interpreta las señales de entrada y, siguiendo el programa cargado, decide qué acciones deben ejecutarse.

Continúa en página siguiente >>

<< Viene de página anterior

> **Ejecutar las acciones programadas (salidas)**
> - El PLC o la unidad de control activa los actuadores correspondientes, como motores, bombillas, electroválvulas o alarmas, ejecutando las acciones necesarias en función de la situación detectada.

 **EJEMPLO**

En un sistema agrícola de pulverización automatizada, el atomizador de un tractor aplica producto fitosanitario de forma inteligente en función del entorno. El atomizador del tractor emplea sensores para detectar la presencia de los olivos. Cuando se detecta vegetación, el sistema activa la tobera correspondiente para aplicar el producto. Si no hay vegetación delante, el sistema corta el suministro. Esta automatización permite reducir el desperdicio de producto y aplicar el tratamiento de forma precisa y sostenible.

Entrada (sensor)

El sistema dispone de sensores de ultrasonidos o infrarrojos que detectan la presencia de obstáculos, como los troncos y copas de los olivos.

Procesamiento (PLC)

El PLC interpreta la señal del sensor:

Si se detecta un olivo delante de la tobera, se autoriza la pulverización.

Si no hay vegetación, el sistema corta automáticamente el suministro de producto.

Salida (actuador)

Se activa o desactiva la válvula del atomizador que permite la pulverización del producto fitosanitario en tiempo real, ajustando la cantidad y el momento exacto, lo que reduce el desperdicio y mejora la eficiencia.

Sistema automatizado de pulverización en cultivo de olivar

Entradas – Sensores

Las **entradas** de un sistema automático son los dispositivos encargados de **captar información del entorno físico**. Para ello, se emplean distintos tipos de **sensores** que convierten una variable física (como luz, presión, temperatura, etc.) en una **señal eléctrica o digital** que el sistema pueda interpretar.

Estos sensores no toman decisiones, solo actúan como los ojos u oídos del sistema.

Clasificación de sensores según la magnitud que detectan

Tipo de sensor	Magnitud detectada	Ejemplo real
Sensor de temperatura	Calor/frío	Termostato de un aire acondicionado
Sensor de proximidad	Presencia/distancia	Sensor que abre una puerta automática
Sensor de luz (LDR)	Iluminación	Luz que se enciende automáticamente de noche
Sensor de humedad	Humedad en el ambiente o el suelo	Sistema de riego automático
Sensor de presión	Presión de fluidos	Caldera doméstica o lavadora
Sensor de nivel	Cantidad de líquido	Depósito de agua que activa una bomba

RECUERDA

Los sensores no deciden, solo miden o detectan condiciones específicas y envían esa información a la unidad de procesamiento.

Relación con la lógica binaria

Cada sensor conectado al PLC transmite una señal digital, normalmente representada por:

- **0** → Estado abierto, apagado o ausencia de condición.
- **1** → Estado cerrado, encendido o condición detectada.

Tabla comparativa: Sensor ↔ Estado ↔ Señal enviada al PLC

Sensor	Condición del entorno	Estado lógico (señal)
Sensor de presencia	No detecta objeto	0
Sensor de presencia	Detecta objeto	1
Sensor de temperatura	Temperatura inferior al umbral	0
Sensor de temperatura	Temperatura superior al umbral	1
Sensor de humedad	Suelo húmedo	0
Sensor de humedad	Suelo seco	1

APLICACIÓN PRÁCTICA

Vicente está configurando un sistema automático en una fábrica. Cada sensor traduce una situación concreta a un valor binario (0 o 1).

¿En qué caso de los siguientes el PLC recibiría una señal activa (1)?

Continúa en página siguiente >>

<< Viene de página anterior

- **Un detector de nivel en un depósito lleno.**
- **Un sensor de presencia que no detecta el objeto.**
- **Una fotocélula de seguridad sin obstáculos.**
- **Un sensor de humedad que detecta humedad en el suelo.**

Solución

Un depósito lleno activa la señal del detector, enviando un 1 al PLC para indicar que se ha alcanzado el nivel máximo.

Las otras situaciones no generan señal activa:

- Si el sensor de presencia no detecta nada, envía 0.
- Una fotocélula sin obstáculos mantiene la señal en 0 por seguridad.
- Un sensor de humedad que detecta humedad en el suelo también suele enviar 0, indicando que no es necesario activar el riego.

Unidad de procesamiento – PLC

El **PLC (controlador lógico programable)** es el componente central del sistema automático. Su función es **recibir las señales de entrada a través de los sensores**, procesarlas según un programa lógico predefinido y **generar señales de salida** que activan los actuadores correspondientes.

En otras palabras, es el **cerebro** del sistema: interpreta, decide y ejecuta.

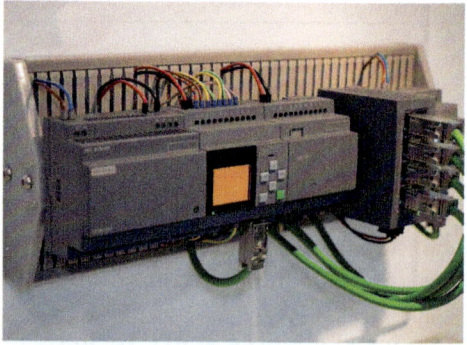

Detalle de PLC marca SIEMENS. Se encuentra conectado, podemos apreciar su pantalla y botonera, así como cables de entrada y salida.

Componentes básicos de un PLC

Algunos de los **componentes** básicos de un PLC son:

Componente	Función
CPU (unidad central de proceso)	Ejecuta el programa y toma decisiones según las entradas.
Entradas digitales/analógicas	Reciben señales desde sensores (presencia, temperatura, presión, etc.).
Salidas digitales/analógicas	Envían señales a actuadores (motores, válvulas, alarmas, etc.).
Fuente de alimentación	Proporciona energía al sistema.
Memoria (RAM/ROM/EEPROM)	Almacena el programa, los datos de trabajo y los valores de configuración.
Puerto de programación	Permite conectar un ordenador.

Ciclo de escaneo del PLC

El funcionamiento del PLC sigue un ciclo continuo llamado **ciclo de escaneo** que se repite constantemente:

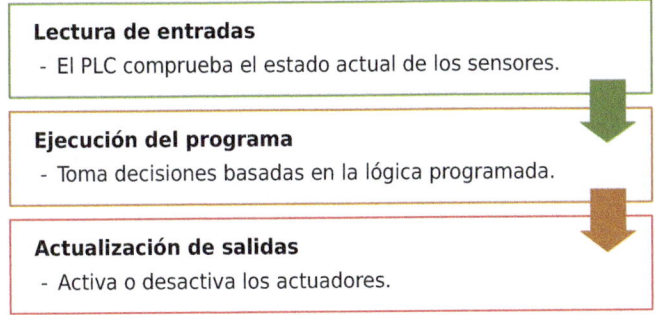

Lectura de entradas
- El PLC comprueba el estado actual de los sensores.

Ejecución del programa
- Toma decisiones basadas en la lógica programada.

Actualización de salidas
- Activa o desactiva los actuadores.

Todo el proceso se repite en milisegundos, lo que permite al sistema reaccionar casi en tiempo real.

 **VÍDEO**

En el siguiente vídeo se explica de forma clara qué es un PLC, su funcionamiento básico y cómo se conecta. Es ideal para reforzar el contenido de este apartado con una explicación visual, cercana y bien estructurada.

No olvides curiosear por el canal, donde existen multitud de vídeos y recursos que te ayudarán en tu proceso de aprendizaje.

Accede al vídeo desde aquí:

https://redirectoronline.com/eleq00090103

Salidas – Actuadores

Una vez que el sistema automático ha procesado la información recibida a través de las entradas, debe traducir esa lógica en acciones concretas. Para ello, necesita **dispositivos que ejecuten órdenes físicas**: las salidas, comúnmente llamadas **actuadores**.

Estas salidas pueden ser **digitales** (encender / apagar un motor, activar una válvula) o **analógicas** (controlar la velocidad de un ventilador, regular una temperatura).

Tipos de actuadores más comunes

Algunos de los **actuadores** más comunes son:

➲ **Motores eléctricos:**

　◍ **Función principal:** generar movimiento rotativo o lineal.
　◍ **Ejemplo de uso:** abrir una puerta, mover una cinta.

⊃ **Electroválvulas:**

○ **Función principal:** abrir/cerrar el paso de fluidos o gases.
○ **Ejemplo de uso:** sistema de riego, maquinaria hidráulica.

⊃ **Cilindros neumáticos:**

○ **Función principal:** crear movimiento lineal con aire comprimido.
○ **Ejemplo de uso:** elevadores, prensas automáticas.

⊃ **Lámparas/pilotos:**

○ **Función principal:** aviso luminoso de estados.
○ **Ejemplo de uso:** indicador de máquina en funcionamiento.

⊃ **Zumbadores o alarmas:**

○ **Función principal:** emisión de señal acústica.
○ **Ejemplo de uso:** alarma de fallo, fin de proceso.

⊃ **Relés/contactores:**

○ **Función principal:** activar circuitos de mayor potencia.
○ **Ejemplo de uso:** encendido de bombas, compresores industriales.

 IMPORTANTE

Durante cada ciclo de escaneo, el PLC actualiza las salidas en función de los datos recogidos en las entradas y del programa lógico cargado. Cada salida es activada o desactivada en función de las condiciones programadas.

 APLICACIÓN PRÁCTICA

En un sistema automatizado, el PLC interpreta señales de los sensores y activa salidas programadas. ¿Cuál de las siguientes afirmaciones es correcta sobre el ciclo de escaneo de un PLC?

Continúa en página siguiente >>

<< Viene de página anterior

- **El PLC actualiza primero las salidas y después lee las entradas.**
- **El ciclo de escaneo solo se ejecuta una vez tras encender el PLC.**
- **El PLC lee las entradas, ejecuta el programa, actualiza las salidas y repite el ciclo.**
- **El ciclo se detiene si no hay cambios en las entradas.**

Solución

El ciclo de escaneo del PLC es continuo. Primero se leen las entradas (sensores), después se ejecuta el programa lógico y se actualizan las salidas (actuadores). Esta secuencia permite que el sistema reaccione casi en tiempo real a los cambios del entorno.

Avances tecnológicos y perspectivas futuras

La tecnología de los autómatas programables no ha dejado de evolucionar desde su aparición en la industria. Los PLC actuales no solo son más potentes, compactos y seguros, sino que además incorporan nuevas funcionalidades que los integran en entornos de **industria conectada (industria 4.0)**.

Hoy en día, muchos PLC incluyen:

- ➲ **Conectividad Ethernet o Wi-Fi,** permitiendo la comunicación remota.
- ➲ **Pantallas HMI (interfaces hombre-máquina)** integradas para interactuar directamente con el proceso.
- ➲ **Capacidad de programación desde dispositivos móviles o vía web,** sin necesidad de conexión directa por cable.
- ➲ **Compatibilidad con protocolos de red industrial** como Modbus, Profibus o Profinet.

Además, se trabaja en integrar los PLC con **sistemas de inteligencia artificial, diagnóstico predictivo** y **análisis de datos en tiempo real,** lo que permite prever fallos antes de que ocurran y optimizar los procesos de producción adecuando el uso y las condiciones externas o internas al sistema o función para mejorar el automatismo y el rendimiento de los procesos.

EJEMPLO

Un buen ejemplo del avance de la automatización aplicada lo encontramos en los termostatos inteligentes de calefacción que ya están presentes en muchos hogares.

ACTIVIDAD COMPLEMENTARIA

2. Investiga sobre avances tecnológicos emergentes relacionados con los sistemas automáticos actuales en el contexto de la industria 4.0.

   Responde a la siguiente pregunta: ¿cómo cambiará la forma de trabajar con esta tecnología?

4.4. Análisis de la estructura

Un sistema automático está compuesto por distintos elementos que trabajan en conjunto para realizar una tarea sin intervención directa del usuario. El análisis de la estructura del sistema consiste en identificar cómo se conectan entre sí los diferentes componentes (sensores, procesadores y actuadores) y cómo fluyen la información y la energía entre ellos.

Este análisis permite responder a preguntas clave como:

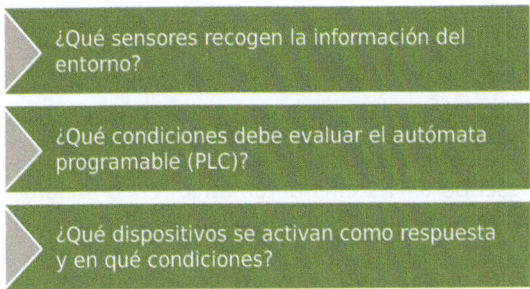

¿Qué sensores recogen la información del entorno?

¿Qué condiciones debe evaluar el autómata programable (PLC)?

¿Qué dispositivos se activan como respuesta y en qué condiciones?

Para ello, se suelen representar estos sistemas mediante **esquemas de bloques o diagramas funcionales**, donde se visualizan las relaciones entre las entradas, el autómata y las salidas.

 **RECUERDA**

Un buen análisis estructural permite prever errores, optimizar procesos y planificar ampliaciones del sistema de forma lógica.

4.5. Funcionamiento

El funcionamiento de un sistema automático se basa en la **interacción entre entradas, procesador (PLC) y salidas**. Este ciclo es esencial para que el sistema actúe por sí mismo ante cualquier cambio en su entorno. A continuación, se describe cada **fase** con un ejemplo integrado:

- ➲ **Captación de información (entradas)**: los sensores detectan condiciones del entorno. Por ejemplo, un **sensor de temperatura** en una sala envía una señal al PLC cuando la temperatura supera los 30 °C.
- ➲ **Procesamiento de datos (controlador / PLC)**: el PLC analiza la señal recibida y, según la programación interna, determina qué acción debe ejecutar. En este caso, si la temperatura es alta, **decide activar un ventilador** para refrigerar la sala.
- ➲ **Actuación (salidas)**: el autómata activa la salida correspondiente, por ejemplo, **enciende el ventilador** conectado, permitiendo que el sistema responda automáticamente sin intervención humana.

 TAREA 2

Diseña y describe un sistema automático real o imaginado, aplicando los conocimientos adquiridos.

Piensa en un sistema automatizado cotidiano o profesional (domótica, industria, agricultura, etc.).

Continúa en página siguiente >>

<< Viene de página anterior

Describe con tus palabras los siguientes elementos:

- Entradas (sensores): ¿Qué detectan?
- Procesamiento (PLC): ¿Qué condiciones lógicas se aplican?
- Salidas (actuadores): ¿Qué se activa o desactiva?

Explica en qué orden ocurre el ciclo de funcionamiento (entrada → procesamiento → salida).

5. Demostración de la metodología de análisis

 **HILO CONDUCTOR**

Antes de empezar la instalación de un sistema de control en una planta embotelladora, Vicente sabe que debe analizar todos los procesos. Estudiará entradas, salidas y secuencias para diseñar una solución eficiente, aplicando una metodología de análisis clara y efectiva.

El análisis de sistemas automáticos permite **entender cómo funcionan y planificar su desarrollo o mejora.**

Esta metodología se basa en observar el sistema como un conjunto de bloques: entradas, procesamiento y salidas, e identificar qué funciones realiza cada elemento y cómo se comunican entre sí.

Un análisis estructurado responde siempre a preguntas básicas:

 **RECUERDA**

Analizar un automatismo significa descomponerlo en partes, comprender su funcionamiento interno y anticipar su comportamiento ante diferentes situaciones.

5.1. Concepción y desarrollo de automatismos

La concepción de un automatismo comienza con la **identificación de una necesidad** o un **proceso que se desea automatizar**. A partir de esta necesidad, se define una **solución técnica** que debe ser capaz de ejecutarse de manera automática, precisa y fiable.

> **Análisis de la tarea para automatizar**
> - Determinar exactamente qué operación o secuencia debe realizar el sistema

Continúa en página siguiente >>

<< Viene de página anterior

Definición de entradas y salidas

- Seleccionar los sensores necesarios para captar información del entorno (entradas) y los actuadores que realizarán acciones físicas (salidas)

Diseño del sistema de control

- Establecer la lógica de funcionamiento, definiendo cómo deben reaccionar las salidas en función de las entradas

Selección del autómata programable (PLC)

- Elegir el dispositivo de control más adecuado en función de las necesidades del proyecto (número de entradas y salidas, tipo de comunicación, requisitos de seguridad, etc.)

Programación del sistema

- Desarrollar el programa que regirá el comportamiento del automatismo, siguiendo la lógica definida en el diseño previo

Pruebas y evaluación

- Antes de su implementación definitiva, se deben realizar pruebas para asegurar que el sistema cumple correctamente con su función y responde adecuadamente ante las situaciones previstas

5.2. Métodos de análisis

Existen diferentes métodos para analizar el funcionamiento de un sistema automático. Estos métodos tienen un objetivo fundamental: comprender a fondo cómo funciona un sistema automático, para poder diseñarlo, mejorarlo, programarlo o repararlo de manera eficaz.

Existen distintos **métodos de análisis,** que se detallan a continuación para su mejor compresión:

- **Análisis funcional.** El análisis funcional consiste en identificar **qué funciones realiza el sistema** en cada situación y qué condiciones provocan dichas funciones.
Se centra en **qué hace el sistema** más que en cómo está construido.
Por ejemplo, en una puerta automática de supermercado:

  - Función: abrir la puerta.
  - Condición: detección de una persona por el sensor de movimiento.
  - Función: cerrar la puerta.
  - Condición: no detección de personas tras un tiempo programado.

- **Análisis estructural.** El análisis estructural divide el sistema en subsistemas o módulos, cada uno con una función concreta.
Permite entender mejor el funcionamiento global y facilita el diagnóstico de averías.
Por ejemplo, en un sistema de lavado de coches:

  - Subsistema de detección de vehículos (sensores).
  - Subsistema de lavado (cepillos y rociadores).
  - Subsistema de secado (ventiladores).
  - Subsistema de transporte (cinta de arrastre).

  Cada módulo se analiza de forma individual, pero todos trabajan coordinadamente.

- **Análisis de secuencias.** El análisis de secuencias estudia el orden lógico de las acciones que realiza el sistema.
Se representa normalmente mediante diagramas de estados o listas de etapas consecutivas.
Por ejemplo, en un semáforo automático:

  - Luz verde encendida para coches durante 30 segundos.
  - Luz ámbar encendida durante 5 segundos.
  - Luz roja encendida mientras cruzan peatones.
  - Vuelta al estado inicial.

  Cada estado tiene una duración y una transición controlada por el sistema.

5.3. Proceso de realización

Una vez definido el sistema automático y seleccionado el método de análisis más adecuado, comienza la fase de **realización**, en la cual el diseño conceptual se convierte en una instalación funcional y operativa.

El proceso de realización incluye varias **etapas** fundamentales:

Etapa	Descripción completa	Componentes/ elementos involucrados
Selección de componentes	Se eligen los dispositivos necesarios para el sistema, considerando el entorno de trabajo, las características eléctricas y las necesidades específicas de la instalación.	1. Sensores (presión, temperatura, etc.). 2. Actuadores (motores, etc.). 3. PLC. 4. Protecciones eléctricas y cableado.
Diseño del cableado y conexionado	Se planifica el tendido y la conexión de cables de entradas, salidas y alimentación. También se diseña la disposición de cuadros eléctricos, protecciones y señalizaciones.	1. Cables de potencia y señal. 2. Conectores y borneros. 3. Protecciones eléctricas. 4. Cuadros eléctricos. 5. Canalizaciones.
Montaje e instalación	Instalación física de sensores, actuadores y cuadros eléctricos, asegurando su correcta colocación, fijación y etiquetado. Cumple la normativa de seguridad vigente.	1. Sensores instalados. 2. Actuadores fijados. 3. Cuadros eléctricos montados. 4. Canalizaciones y protecciones instaladas. 5. Señalización de seguridad.
Programación del sistema	Se programa la lógica de funcionamiento del PLC, definiendo las secuencias de trabajo, la gestión de entradas y salidas, y el comportamiento general del sistema.	1. *Software* de programación de PLC. 2. Ordenadores portátiles. 3. Cables de comunicación.
Pruebas y validación	Se realizan pruebas individuales de cada dispositivo y pruebas globales del sistema completo para verificar su correcto funcionamiento.	1. Multímetros. 2. *Software* de simulación. 3. Herramientas de diagnóstico de PLC.
Puesta en marcha	Se activa el sistema en condiciones reales, se supervisa su funcionamiento inicial, se realizan ajustes y se documenta todo el proceso.	1. Verificación final del sistema. 2. Informes de puesta en marcha. 3. Entrega de documentación técnica.

Un proceso de realización meticuloso reduce riesgos, minimiza errores y asegura el éxito del sistema en su entorno de trabajo.

5.4. Diseño e implementación

El **diseño** y la **implementación** son las fases en las que el sistema automático pasa de ser un proyecto sobre el papel a convertirse en una instalación real, funcional y operativa.

Estos dos procesos, aunque se presentan por separado, en la práctica están muy relacionados y deben desarrollarse de forma coordinada.

Diseño del sistema

El diseño consiste en **planificar todos los detalles técnicos** del sistema automático antes de su construcción o instalación. Incluye:

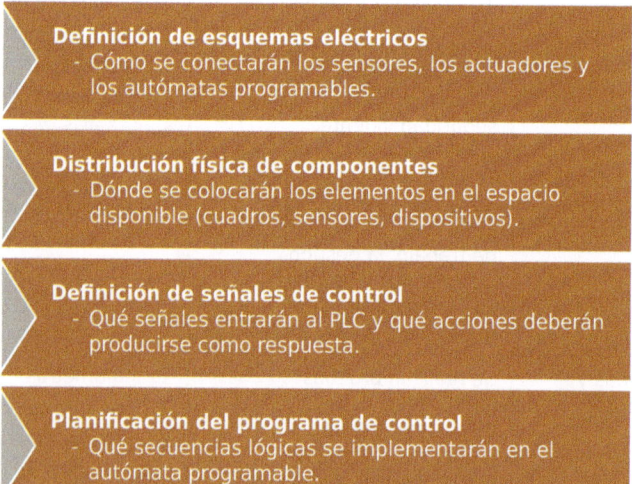

Definición de esquemas eléctricos
- Cómo se conectarán los sensores, los actuadores y los autómatas programables.

Distribución física de componentes
- Dónde se colocarán los elementos en el espacio disponible (cuadros, sensores, dispositivos).

Definición de señales de control
- Qué señales entrarán al PLC y qué acciones deberán producirse como respuesta.

Planificación del programa de control
- Qué secuencias lógicas se implementarán en el autómata programable.

Un buen diseño previene errores costosos en fases posteriores y facilita la puesta en marcha y el mantenimiento.

Implementación del sistema

La implementación es la **ejecución práctica** de lo diseñado, y comprende:

- **Instalación de componentes físicos.** Montaje de sensores, actuadores y cuadros eléctricos.
- **Cableado y conexionado.** Realización del tendido y la conexión de los cables siguiendo los esquemas definidos.
- **Programación del PLC.** Introducción, validación y ajuste del programa lógico previamente diseñado.
- **Pruebas de funcionamiento.** Simulaciones y ensayos para comprobar que el sistema responde correctamente a todas las entradas y situaciones previstas.

En esta fase también se documentan posibles modificaciones respecto al diseño inicial.

 VÍDEO

En el siguiente vídeo se muestra de manera práctica cómo conectar un sensor a un autómata programable (PLC) y activar una salida controlada. Es un excelente ejemplo real para visualizar todo el proceso de implementación que hemos trabajado en esta unidad.

Accede al vídeo desde aquí:

https://redirectoronline.com/eleq00090104

6. Resumen

En esta unidad hemos explorado los **fundamentos esenciales de los sistemas automáticos**, abarcando conceptos teóricos, aplicaciones prácticas y recursos audiovisuales que han facilitado el aprendizaje.

Sistemas binarios y lógicos
- Hemos aprendido cómo los sistemas automáticos representan la información utilizando dos estados (0 y 1) y cómo las operaciones lógicas *(AND, OR, NOT)* son la base de su funcionamiento.

Circuitos combinacionales y automatismos
- Se ha visto cómo los circuitos y automatismos permiten transformar señales de entrada en acciones de salida a través de relaciones lógicas bien definidas.

Estructura de un sistema automático
- Hemos analizado los componentes fundamentales (sensores, actuadores y PLC) y su interacción para lograr la automatización de procesos.

Metodología de análisis, diseño e implementación
- Se ha estudiado cómo concebir, analizar, diseñar y poner en funcionamiento un sistema automático de forma estructurada y profesional.

Aplicaciones reales y avances tecnológicos
- A través de ejemplos prácticos (barreras automáticas, sistemas de riego, control de iluminación, automatización agrícola) y del uso de IA en sistemas automáticos modernos, hemos conectado la teoría con la realidad industrial actual.

A continuación, se muestra un esquema visual que sintetiza los principales conceptos trabajados en esta unidad.

Información binaria

Uso de 0 y 1 para representar señales en sistemas automáticos

Operaciones lógicas *(AND, OR, NOT)*

Combinación de señales mediante lógica para generar decisiones automáticas

Circuitos combinacionales y automatismos

Transformación de entradas en salidas a través de relaciones lógicas

Componentes del sistema automático

Integración de sensores, PLC y actuadores para automatizar tareas

Metodología de análisis y diseño

Análisis estructurado, diseño de esquemas y planificación de automatismos

Implementación práctica

Instalación, cableado, programación y puesta en marcha de sistemas automáticos

Aplicaciones reales y avances tecnológicos

Ejemplos prácticos de automatización moderna con IA e industria 4.0

Ejercicios de autoevaluación
Unidad de Aprendizaje 1

1. Un sistema automático...

    a. ... requiere intervención manual constante.
    b. ... funciona únicamente con sensores analógicos.
    c. ... ejecuta tareas sin intervención humana directa.
    d. ... solo se encuentra en procesos industriales complejos.

2. Indica si la siguiente oración es verdadera o falsa: "Un motor de persiana es considerado una salida en un sistema automático".

    ■ Verdadero
    ■ Falso

3. ¿Qué elemento interpreta las señales y toma decisiones en un sistema automático?

    a. Actuador
    b. Interruptor manual
    c. Autómata programable (PLC)
    d. Sensor óptico

4. ¿Cuál de las siguientes no es una característica de los sistemas automáticos?

    a. Autonomía
    b. Repetitividad
    c. Adaptabilidad
    d. Aleatoriedad

5. ¿Cuál es la principal función de un PLC?

    a. Almacenar información de sensores.
    b. Tomar decisiones según un programa lógico.
    c. Activar alarmas automáticamente.
    d. Imprimir datos del proceso.

6. ¿Qué parte del PLC se encarga de ejecutar el programa?

a. Fuente de alimentación
b. Entradas analógicas
c. CPU
d. Salidas digitales

7. ¿Cómo se llama el proceso cíclico de funcionamiento del PLC?

a. Barrido lógico
b. Ciclo de actualización
c. Escaneo de señales
d. Ciclo de escaneo

8. Indica si la siguiente oración es verdadera o falsa: "La ROM se utiliza normalmente para guardar el programa del PLC".

■ Verdadero
■ Falso

9. ¿Qué hace el PLC tras finalizar un ciclo de escaneo?

a. Se apaga.
b. Vuelve a leer las entradas.
c. Espera instrucciones del operador.
d. Bloquea el sistema.

10. En un circuito lógico combinacional:

a. La salida depende únicamente del estado actual de las entradas.
b. La salida depende del historial previo de entradas.
c. Necesita memoria interna para funcionar.
d. No se utiliza en sistemas automáticos.

Autómatas programables y programación en la industria

Contenido

Objetivos

El objetivo general de esta Unidad de Aprendizaje es:

→ Identificar las características y estructura de los autómatas programables para diferentes aplicaciones industriales.

Los objetivos específicos de esta Unidad de Aprendizaje son:

→ Reconocer las características generales y la evolución histórica de los autómatas programables.

→ Comprender la estructura interna y los principales componentes que conforman un PLC.

→ Identificar los diferentes tipos de autómatas según sus funciones, arquitectura y aplicaciones.

→ Evaluar los criterios de selección de autómatas en función del entorno y las necesidades industriales.

→ Conocer la estructura y el funcionamiento general de un autómata programable.

→ Distinguir los elementos clave en la programación de PLC: consola, memoria, interfaces y lenguaje.

→ Aplicar conocimientos básicos de programación en ejemplos representativos del entorno industrial.

→ Valorar los avances tecnológicos en el campo de los autómatas y su impacto en la industria 4.0.

→ Identificar el tipo de autómata más adecuado y evaluar su idoneidad técnica según las necesidades y el entorno de trabajo, aplicando criterios funcionales y estructurales.

1. Introducción

Tras conocer en la unidad anterior los fundamentos de los sistemas automatizados y el papel de los sensores y los actuadores, en esta unidad nos adentramos en uno de los elementos clave de todo proceso de automatización: el autómata programable (PLC).

Aprenderás cómo se estructuran internamente estos dispositivos, qué funciones desempeñan sus distintos módulos y cómo seleccionar el modelo más adecuado según el tipo de proceso o instalación. También conocerás los lenguajes de programación normalizados que permiten diseñar procesos seguros, eficientes y adaptables.

Por último, se presentarán ejemplos de uso reales en distintos sectores industriales y se abordarán las nuevas tendencias que están redefiniendo el papel del PLC en la industria 4.0.

2. Descripción de los autómatas programables

 HILO CONDUCTOR

Vicente ha recibido un nuevo encargo: automatizar parte del proceso en una planta embotelladora. Para ello, debe trabajar con autómatas programables, unos dispositivos que ya ha usado antes, pero de los que quiere entender mejor su estructura y funcionamiento.

En este bloque, lo acompañaremos mientras repasa qué es un PLC, cómo está compuesto internamente y cómo ha evolucionado desde los antiguos sistemas de relés hasta los modelos actuales.

Los autómatas programables son el corazón de la automatización industrial moderna. Desde su aparición en las décadas centrales del siglo XX, han revolucionado la forma en que se gestionan los procesos de producción, sustituyendo los antiguos sistemas cableados por soluciones flexibles, reprogramables y mucho más eficientes.

A continuación, aprenderemos los aspectos fundamentales que permiten comprender qué es un autómata, cómo ha evolucionado con el tiempo, cuál es su estructura interna y qué elementos lo componen. Este conocimiento es esencial para poder seleccionar, programar e integrar correctamente un PLC en cualquier entorno industrial.

2.1. Características generales

Una de las principales virtudes de los autómatas programables es la versatilidad, ya que pueden adaptarse a procesos muy diferentes sin necesidad de modificar el *hardware,* simplemente reprogramando su lógica interna. Esto los convierte en una solución eficiente tanto para instalaciones sencillas como para sistemas de control complejos.

Los PLC son capaces de realizar las siguientes **funciones:**

Lectura de señales
- El PLC puede leer señales digitales (todo/nada) y analógicas (valores variables) procedentes de sensores y dispositivos de entrada.

Ejecución lógica
- Procesa un programa interno que determina las acciones del sistema según las condiciones detectadas.

Control de salidas
- Activa actuadores, motores, válvulas, luces, alarmas y otros dispositivos para llevar a cabo las órdenes del programa.

Ciclo continuo de control
- Ejecuta su secuencia de lectura - proceso - acción de forma repetitiva, rápida y fiable, garantizando la respuesta automática del sistema.

 **IMPORTANTE**

El uso de autómatas programables reduce los errores humanos, mejora la seguridad de las instalaciones y permite una mayor eficiencia energética y productiva.

Los autómatas programables están presentes en múltiples sectores, como, por ejemplo, industria manufacturera, tratamiento de aguas, gestión de edificios, automoción, alimentación, energías renovables y logística, entre muchos otros.

Gracias a su capacidad de comunicación con otros dispositivos y sistemas, los PLC actuales pueden integrarse fácilmente en entornos de la industria 4.0, conectándose a redes locales o sistemas en la nube para supervisar, controlar y optimizar procesos en tiempo real.

2.2. Estructura

Un autómata programable está compuesto por distintos módulos que trabajan de forma coordinada para recibir señales de entrada, procesarlas y activar las salidas según una lógica preconizada por el usuario.

Aunque existen variantes según el fabricante o el modelo, todos los PLC comparten una estructura básica común.

Los **componentes** fundamentales de un PLC son:

- **Unidad central de proceso (CPU):** es el cerebro del autómata. Ejecuta el programa de control, gestiona las comunicaciones y supervisa el funcionamiento del sistema.
- **Módulos de entrada:** reciben señales eléctricas procedentes de sensores, pulsadores o finales de carrera. Pueden ser digitales (todo/nada) o analógicas (valores variables).
- **Módulos de salida:** envían señales eléctricas para controlar dispositivos como contactores, válvulas, motores o alarmas.
- **Memoria:** almacena el programa del usuario, los datos del proceso y las configuraciones del sistema. Puede ser RAM, ROM o memoria no volátil como EEPROM o Flash.
- **Fuente de alimentación:** suministra la energía eléctrica necesaria para el funcionamiento del PLC y de sus módulos.
- **Puertos de comunicación:** permiten conectar el PLC con otros dispositivos o sistemas mediante protocolos industriales como *Ethernet, Modbus* o *Profibus.*

La estructura del PLC está diseñada para ser modular y escalable, lo que permite añadir o sustituir módulos en función de las necesidades específicas de cada instalación.

En los PLC compactos, todos estos elementos están integrados en un solo bloque. En cambio, en los PLC modulares, cada componente se instala de forma independiente sobre un bastidor, lo que ofrece mayor flexibilidad y facilidad de mantenimiento.

Este diseño estructural facilita las tareas de diagnóstico, ampliación del sistema y personalización, lo que hace que los autómatas programables se adapten con facilidad a distintos entornos industriales.

2.3. Concepto y evolución

Los autómatas programables nacen como una respuesta a las necesidades de la industria de automatizar procesos de forma flexible, segura y económica. Antes de su aparición, el control de máquinas se realizaba mediante circuitos de relés cableados, poco versátiles y difíciles de mantener o modificar.

A finales de los años 60, el sector del automóvil —especialmente General Motors— demandaba un sistema que pudiera adaptarse a cambios de producción sin necesidad de rehacer el cableado. De esta necesidad surgió el primer autómata programable: el **Modicon 084**, considerado el precursor del PLC moderno.

Desde entonces, la evolución de los PLC ha seguido una trayectoria imparable:

Orígenes en la industria automovilística (década de 1960)

- Los primeros PLC surgieron para sustituir sistemas de relés cableados, especialmente en la industria del automóvil. Su objetivo era facilitar modificaciones rápidas en las líneas de montaje sin rehacer todo el cableado.

Avances en *hardware* y programación (años 80-90)

- Se introducen microprocesadores, memorias más fiables y nuevos lenguajes de programación como Ladder Diagram, mejorando su potencia y versatilidad.

Continúa en página siguiente >>

<< Viene de página anterior

Integración en redes industriales (años 2000)

- Los PLC empiezan a comunicarse entre sí y con otros dispositivos mediante protocolos como Modbus, Profibus o Ethernet/IP, facilitando sistemas distribuidos.

PLC inteligentes y conectividad (actualidad)

- Los autómatas modernos se integran en arquitecturas de la industria 4.0, incorporando conectividad IoT, diagnósticos avanzados, programación remota y conexión a sistemas SCADA y MES.

RECUERDA

El avance de los autómatas ha ido ligado al desarrollo de la electrónica digital y la automatización industrial. Actualmente son una herramienta clave para optimizar procesos, reducir costes y aumentar la competitividad de las empresas.

2.4. Controladores lógicos programables

Los controladores lógicos programables (PLC) son dispositivos electrónicos diseñados para ejecutar tareas de automatización en entornos industriales. Actúan como el centro de control del proceso, recibiendo información del entorno, procesándola según un programa lógico predefinido y generando las órdenes necesarias para activar distintos actuadores.

Una de sus principales ventajas es la capacidad de adaptación, ya que con solo modificar el programa se pueden cambiar las tareas que realiza, sin necesidad de alterar el cableado o los componentes físicos del sistema. Esto los convierte en herramientas fundamentales para optimizar procesos, aumentar la productividad y garantizar la seguridad en instalaciones industriales.

La función de un PLC no se limita a leer y actuar; también realiza diagnósticos, intercambia información con otros dispositivos (pantallas, redes, sistemas de supervisión...) y permite implementar estrategias complejas de control con alta fiabilidad y velocidad.

IMPORTANTE

En la práctica, los PLC se utilizan en tareas tan variadas como el control de líneas de producción, sistemas de climatización, estaciones de bombeo, gestión de tráfico o procesos de llenado.

2.5. Composición de un autómata programable

Para que el autómata programable pueda realizar sus funciones, está compuesto por una serie de **módulos interconectados,** cada uno con un rol específico dentro del sistema de control. Entender cómo se relacionan estos elementos entre sí permite diagnosticar, configurar y optimizar la instalación de forma más eficiente.

A continuación, se describen los componentes principales:

> Los **módulos de entrada** recogen señales del entorno (como pulsadores, sensores de nivel o detectores de presencia) y las transforman en datos que la CPU puede procesar.

> La **CPU** interpreta esas señales y ejecuta el programa de control almacenado en la memoria, tomando decisiones según las condiciones programadas.

> Una vez procesada la lógica, la CPU activa o desactiva los **módulos de salida,** enviando señales eléctricas hacia actuadores como válvulas, relés o motores.

> La **memoria** no solo almacena el programa, sino también las variables de estado, los valores temporales y los contadores.

> La **fuente de alimentación** suministra energía a todos los módulos, y los **puertos de comunicación** permiten que el PLC interactúe con otros dispositivos (como HMI, otros PLC o sistemas SCADA).

Cada uno de estos bloques forma parte del conjunto físico del autómata, y su correcta configuración es esencial para el funcionamiento del sistema de automatización.

En el siguiente diagrama puede observarse cómo se produce esta interacción interna entre los distintos **elementos del PLC:**

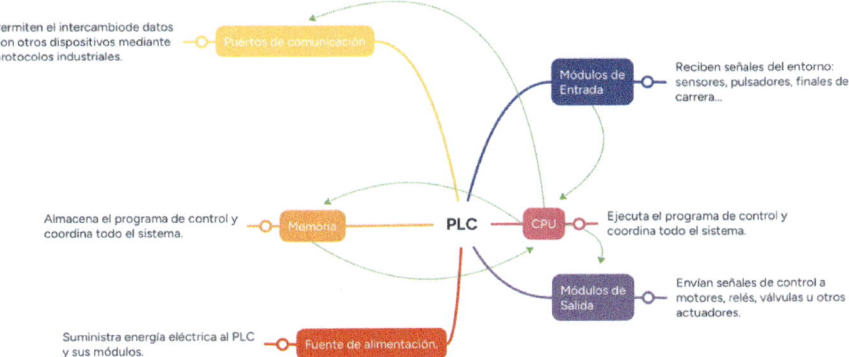

Diagrama funcional de la composición de un PLC. La CPU coordina el sistema, recibiendo información de los módulos de entrada, procesándola con ayuda de la memoria y comunicándose con salidas, periféricos y redes industriales.

 **TAREA 3**

Imagina que trabajas como técnico en una planta de embotellado. Un PLC se encarga de controlar el llenado automático de las botellas. El proceso debe realizarse de forma cíclica y automatizada. El sistema está compuesto por:

- Un sensor que detecta la llegada de una botella.
- Una válvula que permite llenar la botella.
- Una cinta transportadora que desplaza la botella una vez llena.

El PLC debe controlar el proceso completo: cuando se detecte una botella, debe abrir la válvula durante 3 segundos para llenarla y, a continuación, activar la cinta para moverla.

1. ¿Qué dispositivos actuarían como entradas y cuáles como salidas en este sistema automatizado?

Continúa en página siguiente >>

<< Viene de página anterior

2. ¿Qué componente del PLC se encarga de ejecutar las instrucciones que controlan el proceso?
3. Explica de forma sencilla cómo se realizaría el ciclo de escaneo del PLC en este caso.
4. Describe brevemente la estructura mínima del PLC necesaria para gestionar este sistema.

---

3. Explicación de la elección, comunicación y programación

☞ HILO CONDUCTOR

Vicente ha avanzado en su formación como técnico en automatización y, tras comprender la estructura y el funcionamiento básico de los PLC, se enfrenta ahora a una nueva fase: aprender a seleccionarlos adecuadamente, configurar su comunicación y programarlos de forma eficiente.

En su nueva empresa, le han pedido que colabore en la automatización de varias máquinas, y necesita tener claro qué tipo de autómata conviene elegir en cada situación, cómo conectarlo con otros sistemas y qué lenguaje utilizar para programar la lógica del proceso. A lo largo de este bloque, Vicente irá resolviendo estas dudas, enfrentándose a decisiones reales que todo técnico debe saber valorar.

Una vez comprendida la estructura y la función básica de los autómatas programables, es necesario conocer cómo se seleccionan, configuran y programan para que se adapten correctamente a cada entorno industrial.

Los PLC no son equipos universales. Su elección depende del tipo de proceso, del número y el tipo de señales, de los tiempos de respuesta, del entorno físico y de las necesidades de conectividad. Además, deben programarse con lógica clara y estructurada para garantizar su correcto funcionamiento y permitir su mantenimiento.

3.1. Criterios de selección

Seleccionar un autómata programable adecuado es una decisión crítica que influye directamente en la eficacia, la seguridad y la escalabilidad de un sistema automatizado. No todos los PLC son iguales, y su elección debe realizarse en función de las **necesidades específicas del proceso industrial** al que van destinados.

Algunos de los **criterios** más relevantes que tener en cuenta son:

- **Número y tipo de entradas y salidas (E/S).** Es necesario conocer cuántas señales se deben gestionar y si son digitales o analógicas. También se recomienda prever futuras ampliaciones del sistema.
- **Velocidad de procesamiento.** En procesos que requieren tiempos de respuesta muy cortos (como maquinaria de precisión o sistemas robóticos), se necesitan PLC con ciclos de escaneo muy rápidos.
- **Tipo de instalación.** Según el entorno (vibraciones, polvo, humedad, etc.), puede requerirse un equipo robusto o con protección específica (ATEX, IP...).
- **Ampliación modular.** La posibilidad de añadir módulos adicionales permite adaptar el PLC a futuras ampliaciones sin cambiar el equipo principal.
- **Lenguaje de programación compatible.** Conviene que el autómata sea compatible con los lenguajes de la norma IEC 61131-3 (LD, FBD, ST...), especialmente si lo van a programar diferentes técnicos.
- **Compatibilidad con redes de comunicación.** Es importante que el PLC pueda comunicarse con otros dispositivos mediante protocolos industriales (Modbus, Profibus, Profinet, Ethernet/IP...).
- **Coste y soporte técnico.** El precio influye en instalaciones a gran escala. También debe valorarse la calidad del soporte técnico, la formación ofrecida y la disponibilidad de repuestos.

 CONSEJO

Antes de elegir un autómata, es recomendable realizar un esquema del proceso con todos los sensores, actuadores y requisitos funcionales. Este análisis facilitará la elección del modelo más adecuado.

TAREA 4

Un pequeño sistema automatizado debe controlar el proceso de apertura de una barrera en un aparcamiento. El sistema consta de:

- Sensor inductivo para detectar la presencia del vehículo en la entrada.
- Pulsador manual de apertura.
- Señal luminosa de estado.
- Motor de apertura/cierre de barrera.
- Límite físico para detectar fin de carrera de la barrera.

El sistema no va a crecer en el futuro.

Está ubicado en un entorno cubierto, sin polvo ni condiciones extremas.

1. Realiza un listado de las entradas y salidas necesarias.
2. ¿Qué tipo de PLC sería más adecuado: compacto o modular? Justifica tu elección con al menos dos criterios técnicos.
3. ¿Qué ventajas y limitaciones tendría esta elección?

3.2. Procesador y memoria

El procesador y la memoria son el núcleo interno de un autómata programable. Estos dos componentes determinan la capacidad del PLC para ejecutar instrucciones, almacenar datos y gestionar el sistema de control.

⊃ **Procesador (CPU).** La unidad central de proceso (CPU) es el componente que ejecuta el programa del usuario y coordina el funcionamiento del autómata. Sus principales **funciones** son:

- Leer las señales de entrada recibidas desde el entorno.
- Ejecutar las instrucciones lógicas del programa.
- Generar las señales de salida correspondientes.
- Gestionar la comunicación con otros dispositivos (HMI, otros PLC, PC, etc.).
- Supervisar el estado del sistema mediante diagnósticos y alarmas.

La **potencia del procesador** influye directamente en la velocidad de ejecución del ciclo de escaneo, lo cual es especialmente importante en aplicaciones con tiempos críticos (como sistemas de posicionamiento, control de robots o líneas de producción de alta velocidad).

➲ **Memoria.** En un PLC, la memoria está estructurada en distintas zonas, cada una con un propósito específico:

◑ **Memoria de programa:** guarda el código lógico que define el comportamiento del sistema. Puede estar en memoria Flash o EEPROM, para asegurar que no se pierde al apagar el equipo.

◑ **Memoria de datos:** almacena los valores de las variables, contadores, temporizadores y estados de entradas/salidas.

◑ **Memoria de sistema:** contiene el *firmware* del fabricante, que permite el funcionamiento interno del equipo.

◑ **Memoria temporal (RAM):** se usa para cálculos rápidos y registros temporales durante la ejecución.

Algunos PLC incorporan, además, **tarjetas de memoria extraíbles o puertos USB** para hacer copias de seguridad del programa o transferirlo a otras unidades.

IMPORTANTE

La cantidad de memoria disponible debe ser suficiente no solo para el programa inicial, sino también para posibles ampliaciones, almacenamiento de datos históricos y gestión de alarmas o recetas.

3.3. Consola de programación

La **consola de programación** es la herramienta que permite al técnico crear, cargar y supervisar el programa que ejecutará el autómata. Aunque en el pasado existían consolas físicas específicas, hoy en día se utilizan principalmente **ordenadores portátiles con *software* especializado** proporcionado por el fabricante del PLC.

Estos entornos de programación permiten:

➲ **Escribir el programa lógico** en diferentes lenguajes (LD, FBD, ST, IL, SFC).

- **Simular y depurar** el funcionamiento del sistema antes de cargarlo en el PLC.
- **Transferir el programa** al autómata mediante un cable USB, Ethernet o conexión inalámbrica.
- **Supervisar el estado del PLC en tiempo real**, incluyendo entradas, salidas, errores, contadores y temporizadores.
- **Actualizar y modificar el programa** de forma remota, si el PLC lo permite.

Cada fabricante dispone de su propio entorno de desarrollo, como:

- **TIA Portal** (Siemens).
- **Unity Pro/EcoStruxure Control Expert** (Schneider Electric).
- **CX-Programmer** (Omron).
- **RSLogix 5000/Studio 5000** (Allen-Bradley).
- **LOGO! Soft Comfort** (Siemens, para PLC básicos).
- **Zelio Soft** (Schneider Electric, para gamas compactas).

 **RECUERDA**

Aunque cada *software* tiene sus particularidades, todos siguen los principios de programación establecidos por la norma IEC 61131-3 y comparten funcionalidades similares en cuanto a edición, depuración y monitorización de procesos.

 **APLICACIÓN PRÁCTICA**

Una empresa necesita automatizar un sistema de llenado de botellas con estas características:

- **Sensor de presencia de botella (entrada digital).**
- **Sensor de nivel de llenado (entrada analógica).**
- **Control de electroválvula (salida digital).**
- **Pantalla táctil para visualización y pausa del proceso.**
- **Comunicación con un sistema SCADA.**

Continúa en página siguiente >>

<< Viene de página anterior

¿Qué configuración de PLC y lenguaje de programación sería la más adecuada de las siguientes opciones?

- **PLC compacto, comunicación RS232 y lenguaje ST.**
- **PLC modular, Ethernet y lenguaje Ladder.**
- **PLC básico sin HMI, protocolo CANopen y lenguaje IL.**
- **PLC con pantalla integrada y lenguaje Structured Text (ST).**

Solución

Un PLC modular permite añadir módulos de entrada/salida digital y analógica, así como conectividad Ethernet, ideal para integrar con SCADA.

El lenguaje Ladder es adecuado para procesos secuenciales como el llenado.

Las demás opciones no cubren bien los requisitos de interfaz, comunicación o facilidad de uso técnico.

3.4. Elección de autómatas

Elegir el modelo de autómata adecuado para una instalación concreta no solo implica valorar características técnicas, sino también entender el entorno de aplicación y las necesidades del proceso. Esta decisión debe tomarse con rigor, ya que un PLC mal dimensionado puede limitar el sistema o encarecer innecesariamente el proyecto.

A continuación, se presentan algunos **criterios prácticos** que ayudan a elegir correctamente un autómata programable:

- **Tipo de aplicación.** Si el control se limita a una máquina sencilla, puede ser suficiente un PLC compacto. Para procesos complejos, en red o con crecimiento futuro, conviene optar por modelos modulares.
- **Entorno de trabajo.** Las condiciones físicas del entorno (temperatura, humedad, polvo, vibraciones...) afectan directamente al tipo de PLC necesario. Es importante comprobar la protección IP, la refrigeración y el tipo de alimentación eléctrica requerida.
- **Número de entradas/salidas.** Determina la capacidad del PLC para gestionar sensores y actuadores. Se debe prever si se necesitan módulos especiales, entradas rápidas o futuras ampliaciones.

⮕ **Conectividad.** La compatibilidad con redes industriales y dispositivos (como HMI, SCADA, otros PLC...) es clave. El PLC debe soportar los protocolos de red utilizados (Ethernet/IP, Modbus TCP, Profibus, etc.).

⮕ **Disponibilidad de repuestos y soporte técnico.** Elegir una marca que ofrezca documentación clara, formación, repuestos accesibles y asistencia técnica facilita el mantenimiento y reduce los tiempos de parada ante fallos.

 CONSEJO

Antes de decidir qué autómata utilizar, conviene realizar un pequeño estudio de necesidades: diagrama de entradas/salidas, esquema de comunicaciones, tipo de proceso, funciones requeridas y previsión de ampliaciones.

3.5. Interfaz

La **interfaz** de un autómata programable es el conjunto de elementos que permiten al PLC comunicarse con el entorno, ya sea con personas, otros dispositivos electrónicos o autómatas adicionales. Estas interfaces pueden ser físicas (conectores, botones, pantallas) o lógicas (protocolos de comunicación, *software*...).

Su función es facilitar la entrada y la salida de información entre el PLC y el resto del sistema, garantizando una comunicación fluida, segura y adaptada a cada aplicación.

Podemos clasificar las interfaces en cuatro grandes **categorías:**

⮕ **Interfaz hombre-máquina (HMI).** Permite a los operarios supervisar el proceso, visualizar datos y modificar parámetros. Puede consistir en una pantalla táctil, un panel de botones o una tableta conectada al sistema. Las HMI facilitan el control sin necesidad de acceder directamente al PLC.

⮕ **Interfaz de programación.** Conecta el PLC con un ordenador para cargar, editar o depurar el programa mediante software. La conexión puede realizarse mediante USB, Ethernet u otros puertos estándar.

⊃ **Interfaz de red industrial.** Permite al PLC comunicarse con otros equipos (autómatas, sensores inteligentes, sistemas SCADA...) mediante protocolos como Modbus, Profibus, Profinet o Ethernet/IP, entre otros.
⊃ **Interfaz de señales.** Engloba los terminales o bornes donde se conectan las entradas y las salidas, tanto digitales como analógicas, a los dispositivos del entorno físico.

IMPORTANTE

Una interfaz mal configurada o limitada puede restringir el funcionamiento de todo el sistema, dificultar el mantenimiento y reducir la eficiencia operativa.

La interfaz es también clave en la transición hacia la industria 4.0, ya que permite que el PLC se integre en arquitecturas más amplias, donde es necesario enviar y recibir datos de forma remota, hacer diagnósticos predictivos o interactuar con sistemas de inteligencia artificial.

3.6. Comunicación e interacción

La comunicación en los sistemas automatizados es fundamental. Ya no basta con que el PLC reciba entradas y active salidas; hoy en día debe **interactuar** con otros dispositivos para compartir datos, coordinar procesos y optimizar el rendimiento global del sistema.

Los diferentes **tipos de comunicación** en autómatas programables son:

PLC - PLC
- Varios autómatas se sincronizan para compartir información y coordinar procesos. Ejemplo: el final de una máquina activa el inicio de la siguiente.

PLC - SCADA o HMI
- El operario visualiza y controla el sistema en tiempo real. Alarmas, estados y parámetros se gestionan desde pantallas o *software* de supervisión.

Continúa en página siguiente >>

<< Viene de página anterior

> **PLC - sensores y actuadores inteligentes**
> - Dispositivos con lógica interna (como variadores, RFID, IO-Link) se comunican enviando datos estructurados más allá de simples señales eléctricas.

> **PLC - redes industriales**
> - El autómata se integra con toda la planta mediante protocolos como Modbus, Profibus, Profinet, Ethernet/IP o CANopen, adaptando velocidad, topología y tipo de dato.

Cada protocolo tiene ventajas y limitaciones en cuanto a velocidad, distancia, tipo de datos y compatibilidad con dispositivos de terceros.

 **RECUERDA**

La correcta selección y configuración del protocolo de comunicación es clave para el rendimiento del sistema, la trazabilidad de datos y la interoperabilidad entre equipos.

 ACTIVIDAD COMPLEMENTARIA

3. Busca información en fuentes externas y elabora una tabla comparativa sobre protocolos de comunicación utilizados habitualmente en instalaciones industriales automatizadas.

3.7. Fundamentos de la programación

La programación de un autómata programable consiste en definir una serie de instrucciones lógicas que determinan cómo debe actuar el sistema ante determinadas condiciones. Estas instrucciones se almacenan en la memoria del PLC y se ejecutan de forma cíclica, permitiendo que el sistema responda automáticamente a los estímulos del entorno.

Cada fabricante dispone de su propio *software*, pero en la actualidad todos los lenguajes modernos de programación de PLC siguen la **norma IEC 61131-3**, que estandariza su estructura y funcionamiento.

Los **lenguajes de programación** más comunes son:

- ⊃ **LD *(Ladder Diagram)*:** diagrama de contactos. Representa instrucciones gráficamente con símbolos similares a los esquemas eléctricos. Muy usado por su fácil lectura.
- ⊃ **FBD *(Function Block Diagram)*:** diagrama de bloques funcionales. Utiliza bloques conectados para expresar relaciones lógicas o de señales.
- ⊃ **ST *(Structured Text)*:** texto estructurado. Lenguaje textual parecido a Pascal, útil para operaciones matemáticas, estructuradas y complejas.
- ⊃ **SFC *(Sequential Function Chart)*:** diagrama secuencial por etapas y transiciones. Muy útil para procesos que requieren pasos definidos.
- ⊃ **IL *(Instruction List)*:** lista de instrucciones tipo ensamblador. Lenguaje en desuso por su bajo nivel y menor legibilidad.

IMPORTANTE

Aunque es posible programar un PLC con distintos lenguajes, lo habitual es que cada empresa adopte uno principal según la formación de sus técnicos y la complejidad de las tareas.

- -

VÍDEO

En el siguiente vídeo puedes ver una explicación clara y visual del lenguaje *Ladder*, ideal para alumnos que se inician en la programación de autómatas. Presenta los conceptos básicos del lenguaje, su estructura gráfica, y cómo se representan las condiciones lógicas de entrada y salida. Incluye ejemplos sencillos que permiten entender la lógica del funcionamiento interno de un programa en un PLC.

Continúa en página siguiente >>

<< Viene de página anterior

Accede al vídeo desde aquí:

https://redirectoronline.com/eleq00090201

3.8. Principios generales y técnicas

La programación de un autómata programable requiere seguir una serie de **principios generales** y aplicar **técnicas específicas** que garanticen el correcto funcionamiento del sistema, su mantenimiento y su escalabilidad futura. No se trata solo de que el programa funcione, sino de que esté bien estructurado, sea comprensible por otros técnicos y pueda adaptarse con facilidad.

Los **principios generales** de la programación PLC son:

Simplicidad y claridad
- Es preferible un programa sencillo que cumpla con eficacia su función a uno complejo y difícil de mantener. Un diseño claro facilita el diagnóstico de errores y futuras modificaciones.

Modularidad
- Separar el programa en bloques lógicos (por ejemplo: bloque de entradas, bloque de control, bloque de salidas) permite localizar rápidamente cada parte del proceso y reutilizar estructuras similares.

Documentación del código
- Comentar el programa y usar nombres descriptivos en las variables ayuda a entender la lógica, especialmente cuando el programa es revisado por otros técnicos o por uno mismo tiempo después.

Continúa en página siguiente >>

<< Viene de página anterior

Uso eficiente de recursos
- Un buen programa evita el uso excesivo de temporizadores, contadores o marcas innecesarias. Una programación eficiente reduce la carga sobre la CPU y la posibilidad de errores.

Detección de errores y estados anómalos
- Es importante prever situaciones fuera de lo normal y programar mecanismos de seguridad: alarmas, paros controlados, bloqueos de salidas ante fallos, etc.

Algunas **técnicas** habituales en programación de PLC son:

- **Diagramación previa.** Antes de programar, conviene elaborar un diagrama de flujo o GRAFCET que refleje el comportamiento deseado del sistema paso a paso.
- **Uso de marcas internas.** Las marcas (bits de memoria auxiliares) permiten establecer condiciones intermedias, memorizar estados o sincronizar procesos entre bloques distintos del programa.
- **Temporización y conteo.** Los temporizadores permiten controlar acciones con retardo o duración determinada. Los contadores sirven para llevar registro de eventos o ciclos.
- **Pruebas en entorno simulado.** Antes de aplicar el programa en el sistema real, es recomendable probarlo en un simulador, lo que reduce riesgos y tiempos de parada.

CONSEJO

Una técnica sencilla, pero muy eficaz, consiste en programar primero el esqueleto lógico (lecturas de entradas, bloques de salida, ciclos básicos) y después ir añadiendo condiciones, tiempos y funciones más avanzadas.

- -

4. Delimitación de autómatas programables industriales

☞ HILO CONDUCTOR

Tras aprender a seleccionar, programar y estructurar un PLC, Vicente se enfrenta ahora al reto de comprender cómo se aplican los autómatas en instalaciones industriales reales. Ya no se trata solo de dominar el *software*, sino de saber cómo se integran estos sistemas en procesos concretos, desde el control de una línea de montaje en una fábrica de automoción hasta la automatización de un sistema de envasado en una planta de producción de harinas.

A lo largo de este bloque, Vicente descubrirá qué principios deben cumplir los PLC industriales —robustez, fiabilidad, escalabilidad— y cómo se adaptan a distintos sectores. Además, analizará cómo los avances tecnológicos actuales, como la conectividad IoT o la ciberseguridad, están transformando el papel del autómata programable en la industria moderna.

En la actualidad, el autómata programable ha dejado de ser visto simplemente como un dispositivo electrónico de control para convertirse en una **herramienta indispensable en los entornos industriales** que permite ejecutar tareas de forma eficiente, fiable y con una gran capacidad de adaptación a distintas aplicaciones.

Su uso mejora la fiabilidad de los procesos, reduce la necesidad de mantenimiento recurrente y evita averías típicas de sistemas cableados tradicionales, como errores de montaje o ajustes manuales constantes.

4.1. Principios generales

En el contexto industrial, los autómatas programables (PLC) deben cumplir con una serie de **principios funcionales y operativos** que los hacen aptos para integrarse en sistemas de automatización reales. No basta con que sean técnicamente capaces; deben ajustarse a las exigencias de **fiabilidad, robustez y disponibilidad continua** que requiere un entorno productivo.

Los **principios básicos** de uso industrial de los PLC son:

Robustez y durabilidad	- Los PLC están diseñados para operar en condiciones extremas: altas temperaturas, polvo, humedad o interferencias electromagnéticas. Sus componentes están protegidos y optimizados para mantener un funcionamiento continuo durante años.

Fiabilidad en el ciclo de control	- El autómata debe ejecutar el programa con precisión y sin interrupciones, repitiendo su ciclo de escaneo miles de veces por minuto. Cualquier fallo puede afectar directamente al proceso productivo o a la seguridad de los operarios.

Seguridad funcional	- Muchos PLC industriales incluyen funciones de seguridad o se integran con sistemas externos para garantizar la parada controlada, la detección de fallos o el acceso restringido a zonas críticas. Este aspecto es fundamental en sectores como el alimentario, el farmacéutico o la automoción.

Flexibilidad y escalabilidad	- Gracias a su arquitectura modular, los PLC pueden adaptarse a máquinas simples o ampliarse para gestionar líneas de producción completas sin necesidad de sustituir la unidad principal.

Integración en sistemas complejos	- El PLC debe poder comunicarse con otros dispositivos y plataformas como SCADA o MES, siendo parte activa de la estrategia de automatización global de la empresa.

Comparativa visual entre un PLC compacto (derecha) y un PLC modular (izquierda). Se observa cómo el primero integra todos sus elementos en una única carcasa, mientras que el segundo distribuye sus funciones en módulos independientes conectados entre sí.

La estructura física del autómata programable varía en función del uso o las necesidades del usuario final, motivo por el cual es necesario tener en cuenta su composición para determinar qué autómata elegir en cada caso.

A continuación, se presenta una comparativa que recoge las **diferencias fundamentales**:

Características	PLC compacto	PLC modular
Estructura	Todo en un solo bloque (CPU + ES Fuente).	Módulos separados para CPU, entradas, salidas, comunicación, etc.
Flexibilidad	Limitada. No permite ampliaciones o cambios en la configuración.	Alta. Se pueden añadir módulos según las necesidades del proceso.
Coste inicial	Más bajo. Ideal para automatismos sencillos.	Más elevado, pero optimizable en instalaciones grandes.
Espacio ocupado	Muy reducido. Apto para cuadros eléctricos pequeños.	Requiere más espacio físico en armarios o *racks*.
Aplicaciones típicas	Máquinas individuales, procesos aislados, automatización básica.	Líneas de producción, procesos modulares o instalaciones con crecimiento futuro.
Tipo de instalación	En cuadros de control pequeños o integrados en equipos compactos.	En armarios eléctricos industriales o instalaciones con gran volumen de señales.
Mantenimiento y repuestos	Requiere sustitución completa si falla un módulo.	Es posible sustituir o actualizar módulos individualmente.

 IMPORTANTE

El éxito de una instalación automatizada no depende solo del diseño del programa, sino también de la correcta selección, configuración e integración del autómata programable dentro del conjunto de la planta.

4.2. Programación de autómatas

La programación en entornos industriales va más allá de escribir un conjunto de instrucciones. Supone diseñar una **lógica fiable, estructurada y segura**, capaz de gestionar procesos automáticos en tiempo real y adaptarse a condiciones cambiantes del entorno.

En la industria, los programas de PLC suelen organizarse de forma **modular y secuencial**, replicando el flujo lógico del proceso por controlar. Esto permite una rápida localización de errores, una mayor claridad en el mantenimiento y la posibilidad de reutilizar partes del programa en otros proyectos.

Los **aspectos** clave en la programación industrial son:

- **Modularidad.** Dividir el programa en bloques independientes (por ejemplo: entradas, lógica de control, salidas) mejora la comprensión del sistema, facilita futuras ampliaciones y permite reutilizar partes del código en otras instalaciones.
- **Legibilidad y documentación.** Es fundamental que el código sea claro, esté bien comentado y utilice nombres descriptivos para las variables. Esto facilita las tareas de mantenimiento, diagnóstico y actualización, especialmente cuando el programa debe ser revisado por técnicos distintos al programador original.
- **Control de errores.** Todo programa debe prever posibles condiciones de fallo y establecer respuestas adecuadas. Esto incluye alarmas, bloqueos de seguridad, paradas controladas y mensajes informativos para el operario.
- **Temporizadores y contadores.** Estos elementos permiten medir tiempos, generar retardos, controlar secuencias temporizadas o contar eventos (por ejemplo, piezas producidas). Son esenciales en procesos secuenciales y automatismos repetitivos.
- **Estandarización.** Utilizar estructuras comunes, bloques de funciones predefinidos y plantillas de programación mejora la calidad del código, agiliza su desarrollo y garantiza la coherencia en entornos con múltiples PLC o equipos.

 IMPORTANTE

La calidad de un programa no se mide solo por su funcionamiento, sino por su capacidad para mantenerse, escalar y adaptarse con facilidad a nuevas necesidades del proceso.

⚒ APLICACIÓN PRÁCTICA

Observa el siguiente fragmento de descripción sobre cómo ha sido programado un sistema de llenado automático de un depósito:

"El programa se ha dividido en tres bloques diferenciados: detección de nivel, activación de electroválvula y control de parada. Cada variable está etiquetada con un nombre claro, como nivel_alto, valvula_lleno y tiempo_espera. Se ha introducido un temporizador de seguridad que detiene el llenado si supera 10 segundos".

¿Cuál de las siguientes afirmaciones refleja las buenas prácticas aplicadas en esta programación?

- No se ha aplicado modularidad ni temporización.
- El sistema está mal documentado y es difícil de mantener.
- Se ha aplicado legibilidad, temporización y estructura modular.
- No se han seguido recomendaciones de programación estructurada.

Solución

Se ha aplicado legibilidad, temporización y estructura modular. El programa sigue varias buenas prácticas clave: modularidad (bloques diferenciados), legibilidad (nombres de variables claros) y control de errores mediante temporización. Estas acciones facilitan el mantenimiento, la seguridad y la escalabilidad del sistema.

- -

4.3. Aplicaciones industriales

Los autómatas programables están presentes en prácticamente todos los sectores industriales. Su capacidad para automatizar tareas repetitivas, controlar procesos complejos y adaptarse a distintas configuraciones los convierte en una herramienta clave en la mejora de la eficiencia, la seguridad y la calidad de los productos.

A continuación, se describen algunas de las **aplicaciones más representativas** del uso de PLC en distintos entornos industriales.

Los **sectores y procesos** donde se utilizan PLC son:

- **Automoción.** Control de líneas de montaje, verificación de piezas, robots de soldadura, sistemas de pintura automatizados, control de calidad por visión artificial.
- **Industria alimentaria y de bebidas.** Llenado de botellas, envasado, etiquetado, gestión de temperaturas y tiempos de cocción, control de limpieza CIP *(Clean-In-Place)*.
- **Tratamiento de aguas y medioambiente.** Control de bombas y válvulas, gestión de niveles y caudales, automatización de estaciones depuradoras (EDAR) o potabilizadoras (ETAP).
- **Edificación y domótica industrial.** Control de iluminación, climatización, accesos, ascensores, sistemas de seguridad y alarmas técnicas.
- **Energía y renovables.** Seguimiento de parámetros eléctricos, control de inversores, regulación de cargas, integración de datos de generación solar, eólica o hidráulica.
- **Logística y almacenaje.** Cintas transportadoras, clasificadores automáticos, sistemas de paletizado, almacenes automáticos verticales u horizontales.

 **RECUERDA**

Aunque cada sector tiene sus particularidades, la lógica básica de control —lectura de entradas, evaluación de condiciones y activación de salidas— es común para todos. Lo que varía es el tipo de sensores, los actuadores y el entorno físico de trabajo.

Los PLC actuales permiten, además, la integración de datos con sistemas de supervisión (SCADA), trazabilidad de producción, mantenimiento predictivo e incluso toma de decisiones basadas en inteligencia artificial.

Ejemplo de instalación industrial automatizada en el sector de automoción, con robots y PLC coordinando tareas de ensamblaje

4.4. Avances tecnológicos y perspectivas futuras

La automatización industrial está en plena transformación gracias a la incorporación de nuevas tecnologías que amplían las capacidades tradicionales de los PLC. Estos avances no solo mejoran el rendimiento de los sistemas, sino que abren la puerta a un nuevo modelo de producción más inteligente, conectado y flexible.

Las principales **tendencias tecnológicas** son:

Industria 4.0 e IIoT (internet industrial de las cosas)
- Los PLC actuales están conectados a sistemas en la nube, bases de datos o plataformas de gestión. Esto permite supervisar procesos en tiempo real, analizar datos históricos y mejorar continuamente el rendimiento.

Ciberseguridad industrial
- El acceso a redes externas o internet hace que los PLC sean más vulnerables a ciberataques. Por eso, cada vez más dispositivos incorporan medidas de autenticación, cifrado y segmentación de red.

Gemelos digitales
- Un gemelo digital es una copia virtual del sistema físico. Permite simular el comportamiento de una instalación, hacer pruebas sin detener la producción real y anticipar problemas mediante mantenimiento predictivo.

Continúa en página siguiente >>

<< Viene de página anterior

Inteligencia artificial y aprendizaje automático
- Aunque su uso todavía es limitado, ya existen aplicaciones donde la IA trabaja junto con los PLC para detectar fallos, optimizar procesos o ajustar parámetros de forma autónoma.

Protocolos abiertos y comunicación estandarizada (OPC UA)
- Para lograr una integración fluida entre dispositivos y sistemas de distintos fabricantes, los PLC modernos adoptan protocolos como OPC UA, que facilitan el intercambio de información con SCADA, MES o ERP.

IMPORTANTE

El técnico del futuro no solo deberá saber programar un PLC, sino entender cómo integrarlo en una arquitectura digital más amplia, conectada y segura. La formación continua será clave para adaptarse a este nuevo paradigma.

- -

ACTIVIDAD COMPLEMENTARIA

4. Diseña un sistema de automatización que pueda aplicarse a un proceso técnico o industrial real, utilizando un PLC como elemento central de control.

   El diseño debe reflejar una situación realista (proceso industrial, automatización técnica, etc.) y debe incluir los siguientes elementos:

   1. Nombre del sistema y aplicación práctica (ej.: control de climatización, sistema de llenado, control de acceso...).
   2. Entradas: sensores o elementos que envían información al PLC.
   3. Lógica de control: condiciones básicas de funcionamiento, tipo de programación prevista (LD, FBD...).
   4. Salidas: actuadores o elementos que ejecutan acciones.
   5. Tipo de PLC propuesto (compacto o modular) y breve justificación técnica.

Continúa en página siguiente >>

<< Viene de página anterior

6. Descripción del ciclo de funcionamiento del sistema (en lenguaje claro y técnico).
7. Esquema funcional del sistema, que puede elaborarse con herramientas digitales (Canva, Lucidchart...) o manualmente.

5. Resumen

A lo largo de esta unidad hemos profundizado en el papel de los autómatas programables (PLC) dentro de los sistemas automatizados modernos, conociendo su estructura, programación, criterios de selección y aplicaciones prácticas en distintos sectores industriales. También hemos analizado cómo su evolución tecnológica los convierte en una herramienta imprescindible para el presente y el futuro de la automatización.

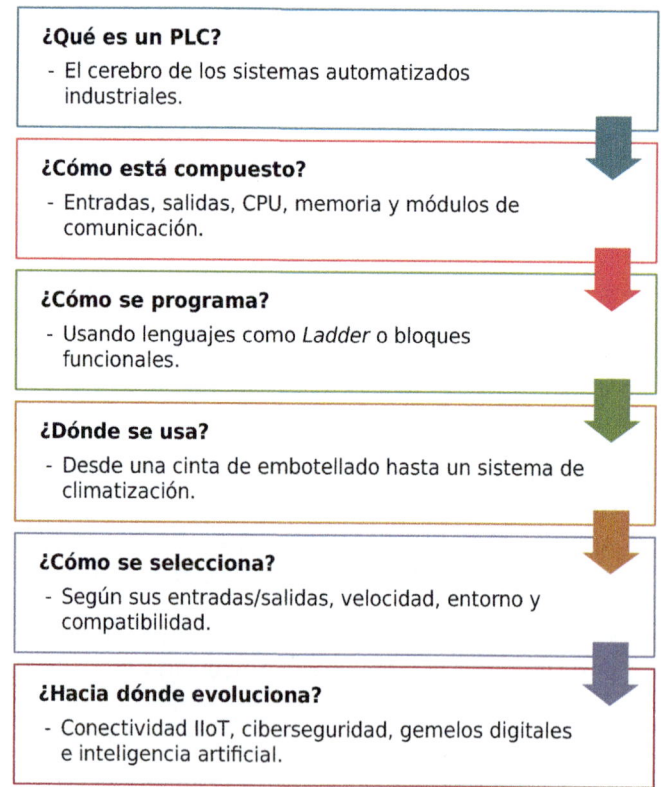

¿Qué es un PLC?
- El cerebro de los sistemas automatizados industriales.

¿Cómo está compuesto?
- Entradas, salidas, CPU, memoria y módulos de comunicación.

¿Cómo se programa?
- Usando lenguajes como *Ladder* o bloques funcionales.

¿Dónde se usa?
- Desde una cinta de embotellado hasta un sistema de climatización.

¿Cómo se selecciona?
- Según sus entradas/salidas, velocidad, entorno y compatibilidad.

¿Hacia dónde evoluciona?
- Conectividad IIoT, ciberseguridad, gemelos digitales e inteligencia artificial.

Para reforzar esta visión general, se incluye también una representación gráfica del PLC como herramienta central en el entorno industrial, donde se integran los distintos bloques de conocimiento abordados en esta unidad:

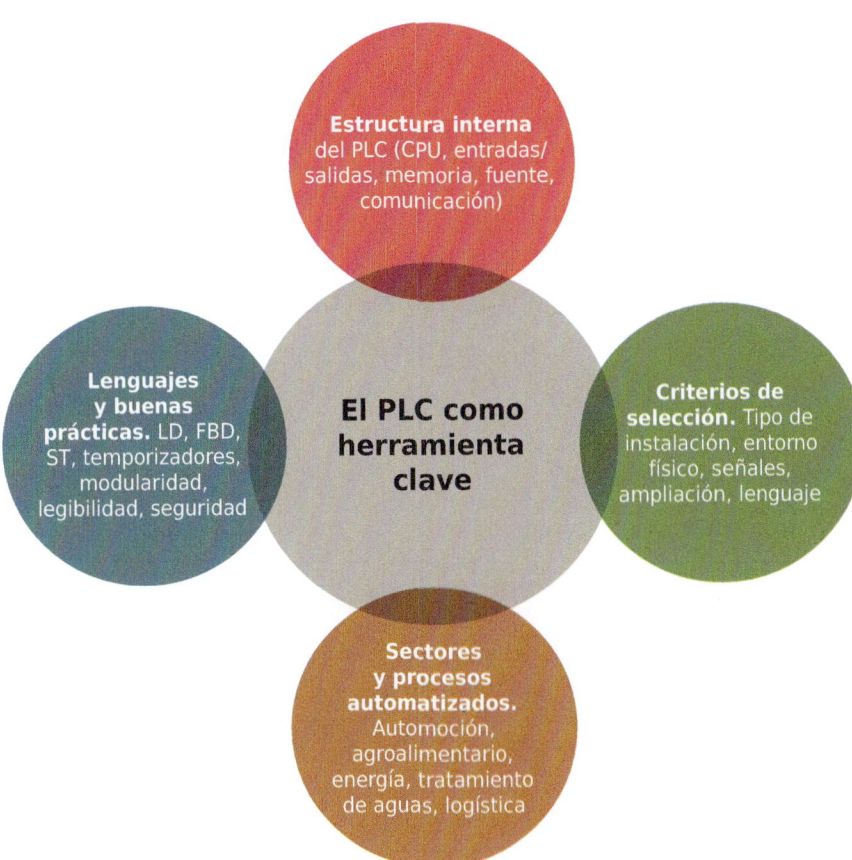

Ejercicios de autoevaluación
Unidad de Aprendizaje 2

1. ¿Cuál de los siguientes componentes forma parte de un PLC?

    a. Transmisor óptico
    b. Condensador de fase
    c. Unidad central de proceso (CPU)
    d. Conector USB tipo C

2. Indica si la siguiente afirmación es verdadera o falsa: "Los PLC compactos permiten ampliar fácilmente el número de entradas y salidas mediante módulos adicionales".

    ■ Verdadero
    ■ Falso

3. ¿Qué característica define a un PLC modular frente a uno compacto?

    a. Tiene menor velocidad de procesamiento.
    b. Se programa con otro lenguaje.
    c. Su estructura permite añadir módulos externos.
    d. Solo se usa en instalaciones domésticas.

4. ¿Qué tipo de señal captaría una entrada analógica en un PLC?

    a. Una señal de encendido/apagado
    b. Una señal de posición binaria
    c. Una variación de temperatura
    d. Una señal de alarma acústica

5. ¿Cuál de los siguientes lenguajes está definido por la norma IEC 61131-3?

    a. JavaScript
    b. Python
    c. Ladder Diagram (LD)
    d. HTML

6. Indica si la siguiente oración es verdadera o falsa: "En un programa bien diseñado, la modularidad ayuda a localizar errores y facilita la reutilización del código".

   ■ Verdadero
   ■ Falso

7. ¿Qué recurso se emplea para introducir retardos o tiempos de espera en un programa de PLC?

   a. Contadores
   b. Temporizadores
   c. Puertos de comunicación
   d. Variables analógicas

8. ¿Qué función realiza una HMI en un sistema automatizado con PLC?

   a. Suministra alimentación al autómata.
   b. Realiza el cableado interno.
   c. Permite la interacción con el operario.
   d. Controla la seguridad eléctrica.

9. ¿Cuál de los siguientes sectores aplica habitualmente PLC para controlar procesos?

   a. Sanidad estética
   b. Agricultura de precisión
   c. Educación primaria
   d. Escritura creativa

10. ¿Cuál de las siguientes afirmaciones refleja una ventaja de los PLC en la industria 4.0?

   a. No requieren mantenimiento.
   b. Son incompatibles con redes industriales.
   c. Facilitan la integración con sensores inteligentes y sistemas en red.
   d. Solo se usan en procesos artesanales.

Glosario

Actuador
Dispositivo que convierte una señal de control eléctrica en una acción física, como el movimiento de un motor, la apertura de una válvula, etc.

Algoritmo
Conjunto de instrucciones lógicas y secuenciales que permiten resolver un problema o realizar una tarea.

Alimentación eléctrica
Fuente de energía necesaria para el funcionamiento de dispositivos eléctricos y electrónicos.

Ampliación modular
Capacidad de un autómata programable para incorporar módulos adicionales que amplíen sus funciones sin reemplazar el equipo base.

Automatización industrial
Uso de tecnologías para controlar procesos industriales con mínima intervención humana.

Autómata programable (PLC)
Dispositivo electrónico programable utilizado para automatizar procesos industriales mediante entradas y salidas.

Binario
Sistema numérico base 2, que utiliza solo los dígitos 0 y 1; fundamental en la lógica de programación de autómatas.

Ciclo de escaneo
Proceso repetitivo del PLC en el que lee entradas, ejecuta el programa y actualiza salidas.

Ciberseguridad industrial
Conjunto de medidas para proteger los sistemas automatizados frente a accesos no autorizados o ataques digitales.

Compacto (PLC)
Tipo de autómata con entradas y salidas integradas, sin posibilidad de expansión modular.

Comunicación industrial
Intercambio de información entre dispositivos mediante protocolos estandarizados en un entorno industrial.

Control automático
Sistema que regula automáticamente el comportamiento de un proceso mediante sensores, lógica de control y actuadores.

Criterios de selección
Factores técnicos que se consideran al elegir un PLC adecuado para un proceso (entorno, conectividad, número de E/S...).

Datos analógicos
Señales continuas que representan variables físicas como temperatura, presión o nivel.

Datos digitales
Señales discretas que solo pueden adoptar dos estados (0 o 1), como un interruptor encendido o apagado.

Diagrama funcional
Representación gráfica de un sistema que muestra la interacción entre sus componentes.

Diagnóstico remoto
Capacidad de evaluar el estado de un sistema automatizado desde una ubicación diferente mediante comunicación a distancia.

Entradas
Señales que recibe el PLC desde el entorno mediante sensores o dispositivos de control.

Entorno industrial
Conjunto de condiciones físicas y técnicas propias de una instalación de producción (temperatura, vibraciones, humedad...).

Ethernet
Tecnología de red ampliamente usada en entornos industriales para conectar dispositivos y sistemas.

Estructura del PLC
Componentes principales de un autómata programable (CPU, memoria, entradas/salidas, fuente de alimentación...).

Funcionamiento secuencial
Ejecución de tareas en un orden preestablecido, típico de procesos industriales automatizados.

Gemelo digital
Réplica virtual de un sistema físico, que permite realizar simulaciones, mantenimientos predictivos y pruebas sin afectar al sistema real.

HMI (interfaz hombre-máquina)
Dispositivo o *software* que permite la interacción entre el operario y el sistema automatizado.

IIoT *(Industrial Internet of Things)*
Red de dispositivos industriales interconectados que recopilan, intercambian y procesan datos en tiempo real.

Interfaces de programación
Herramientas utilizadas para desarrollar, modificar o depurar programas en autómatas programables.

Lenguaje de programación
Formato en el que se escriben las instrucciones que ejecuta un PLC.

Lógica cableada
Sistema de automatización basado en conexiones físicas entre dispositivos mediante cables eléctricos.

Lógica programada
Sistema basado en instrucciones codificadas que el autómata interpreta y ejecuta según las señales recibidas.

Modular (PLC)
PLC compuesto por módulos independientes que permiten expansión y adaptación según las necesidades del proceso.

OPC UA
Protocolo de comunicación industrial abierto y estandarizado que permite la interoperabilidad entre dispositivos de distintos fabricantes.

Programación
Proceso de creación y carga de instrucciones lógicas en el autómata para que realice tareas específicas.

Proceso automatizado
Secuencia de operaciones técnicas controladas por un sistema sin intervención humana constante.

Protocolo de comunicación
Conjunto de reglas que determinan cómo se transmite la información entre dispositivos conectados.

Red industrial
Infraestructura de comunicación que conecta distintos dispositivos en un entorno automatizado.

Retroalimentación
Información recibida del sistema que permite evaluar y ajustar su comportamiento.

SCADA
Sistema de control y supervisión que permite monitorizar y operar procesos industriales en tiempo real.

Sensor
Dispositivo que detecta una variable física del entorno (temperatura, presión, nivel...) y la convierte en una señal eléctrica.

Sistema distribuido
Arquitectura donde el control está repartido entre varios dispositivos o autómatas conectados en red.

Tiempo real
Capacidad de un sistema para procesar y responder a eventos a medida que ocurren, sin retardos significativos.

Bibliografía

Monografías

→ GÓMEZ Martín, J. A., y PÉREZ Sánchez, R.: *Autómatas programables: conceptos básicos y aplicaciones*. Madrid: Paraninfo, 2021.

> Manual didáctico que introduce los fundamentos de los autómatas programables, sus tipos, estructura y programación. Se orienta tanto a la comprensión teórica como a la aplicación práctica en entornos industriales.

→ LORENZO Rodríguez, F.: *Controladores Lógicos Programables (PLC) y automatización industrial*. Valencia: Alfaomega, 2020.

> Obra especializada que desarrolla en profundidad las características técnicas de los PLC, su evolución, lenguajes de programación según la norma IEC 61131-3 y ejemplos de integración en la industria 4.0.

Textos electrónicos

→ Siemens *Automation Learning* Portal, de:
<https://new.siemens.com/global/en/products/automation/industry-software/learning.html>.

> Portal oficial de Siemens con recursos educativos sobre automatización industrial, programación de PLC y soluciones digitales aplicadas a la industria.

→ Mitsubishi Electric - *Automation Training*, de:
<https://mitsubishielectric.com/fa/assist/training>.

> Página de referencia con recursos sobre programación, ejemplos reales y documentación técnica sobre sistemas de automatización y PLC.

Legislación

→ IEC 61131-3: Norma internacional sobre lenguajes de programación para controladores lógicos programables.

Establece los lenguajes estándar utilizados en la programación de PLC, incluyendo *Ladder Diagram (LD), Function Block Diagram (FBD), Structured Text (ST), Instruction List (IL)* y *Sequential Function Chart (SFC)*.